Schröder/Krüger
Buchführung und Jahresabschluss

Buchführung und Jahresabschluss

Mit Fallbeispielen, Übungsaufgaben und Lösungen

von

Prof. Dr. Selden Peter Schröder

Prof. Dr. Kathrin Krüger

Verlag Franz Vahlen München

Prof. Dr. Selden Peter Schröder lehrt Betriebswirtschaftslehre, insbesondere Steuerlehre, Rechnungswesen und Controlling an verschiedenen Hochschulen. An der Dualen Hochschule Schleswig-Holstein leitet er den Studienschwerpunkt Steuerberatung. Er studierte Elektrotechnik, Wirtschaftswissenschaften und Volkswirtschaftslehre an der RWTH Aachen, der Universität zu Köln sowie der FernUniversität in Hagen, an der er an der Fakultät für Wirtschaftswissenschaft promoviert wurde. Er hatte Fach- und Führungspositionen im In- und Ausland inne. Seine berufspraktische Tätigkeit setzte er in der betriebswirtschaftlichen und steuerlichen Beratung fort. Weitere Stationen in Lehre und Forschung waren die FernUniversität in Hagen, die Hochschule Heilbronn und die International University Bad Honnef, an der er als Professor für Allgemeine Betriebswirtschaftslehre, insbesondere Steuern sowie Finanz- und Rechnungswesen, tätig war.

Prof. Dr. Kathrin Krüger ist Inhaberin der Professur für Externes Rechnungswesen an der SRH Fernhochschule. Zuvor war sie Professorin für Steuern und Rechnungswesen an der Dualen Hochschule Schleswig-Holstein und hatte verschiedene Positionen im universitären Bereich, in der Beratung und bei einer deutschen Großbank inne. Ihr Studium der Wirtschaftswissenschaft absolvierte sie an der FernUniversität in Hagen. Dort wurde sie an der Fakultät für Wirtschaftswissenschaft promoviert.

Die Formatierung von Gesetzesnormen wurde aus drucktechnischen Gründen ohne Leerzeichen (z.B. §253 HGB) ausgeführt.

ISBN Print: 978 3 8006 5273 0
ISBN ePDF: 978 3 8006 5274 7

Wilhelmstr. 9, 80801 München
Satz: Fotosatz Buck
Zweikirchener Str. 7, 84036 Kumhausen
Druck und Bindung: Beltz Grafische Betriebe GmbH
Am Fliegerhorst 8, 99947 Bad Langensalza
Umschlaggestaltung: Ralph Zimmermann – Bureau Parapluie
Bildnachweis: © jara3000 – depositphotos.com

Gedruckt auf säurefreiem, alterungsbeständigem Papier (hergestellt aus chlorfrei gebleichtem Zellstoff)

Vorwort

Dieses kompakte Lehrbuch richtet sich sowohl an Studierende in wirtschaftsnahen Studiengängen an Universitäten und Hochschulen als auch an Praktiker, die als Angestellte oder beratend in Unternehmen Kenntnisse des Externen Rechnungswesens benötigen oder sich in diese Richtung weiterqualifizieren wollen.

Das Buch ist so gestaltet, dass der Einstieg in die Thematik ohne besondere Vorkenntnisse möglich ist. Die Autoren haben ihre didaktischen Erfahrungen aus zahlreichen Lehrveranstaltungen sowohl in den grundlegenden als auch den weiterführenden Modulen Buchhaltung, Rechnungswesen, Bilanzen, Jahresabschlussanalyse und Steuerberatung in die Gliederung und die inhaltliche Gestaltung einfließen lassen, um den Leserinnen und Lesern einen schnellen und erfolgreichen Einstieg in die einzelnen Themenbereiche zu ermöglichen. Dies wird insbesondere dadurch erreicht, dass eine Fokussierung auf die wesentlichen Aspekte erfolgt und dabei die Themengebiete dennoch vollständig präsentiert werden.

Neben den textuellen Erläuterungen mit zahlreichen Abbildungen und Tabellen werden die Leserin und der Leser durch die Formulierung von Lernzielen sowie durch Definitionen, Merksätze, Beispiele und Zusammenfassungen unterstützt, fundierte Kenntnisse zu erwerben und auf Praxissachverhalte zu übertragen. In diesem Sinne schließt das Buch mit einem Kapitel mit Aufgaben und Lösungsskizzen. Diese Aufgaben haben sich bereits bei zahlreichen Prüfungen an verschiedenen Hochschulen bewährt.

Besonders danken möchten wir Herrn Thomas Ammon vom Franz Vahlen Verlag für die stets sehr gute Zusammenarbeit und die Unterstützung bei der Entstehung dieses Lehrbuchs.

Für Hinweise zu Korrekturen und Anregungen zur weiteren Verbesserung sind wir dankbar. Richten Sie diese bitte formlos per E-Mail an Buchführung.Jahresabschluss-SK@ps-group.de.

Solingen, September 2022

Kathrin Krüger
Selden Peter Schröder

Inhaltsverzeichnis

Abbildungsverzeichnis

Tabellenverzeichnis

Tabellenverzeichnis

Abkürzungsverzeichnis

Abs.	Absatz
AG	Aktiengesellschaft
AO	Abgabenordnung
BDI	Bundesverband der Deutschen Industrie
BetrAVG	Betriebsrentengesetz
BGA	Betriebs- und Geschäftsausstttung
bzw.	beziehungsweise
d.h.	das heißt
DATEV	Genossenschaft, Anbieter von z.B. Software für das Rechnungswesen
e. K.	eingetragener Kaufmann
EBK	Eröffnungsbilanzkonto
ERP	Enterprise Resource Planning
EStG	Einkommensteuergesetz
EStR	Einkommensteuerrichtlinien
et al.	et alii/und andere
etc.	et cetera
EWB	Einzelwertberichtigung/en
f.	folgend
Fifo	First-in-first-out (Verbrauchsfolgeverfahren)
ggf.	gegebenenfalls
GmbH	Gesellschaft mit beschränkter Haftung
GoB	Grundsätze ordnungsmäßiger Buchführung
GoBD	Grundsätze zur ordnungsmäßigen Führung und Aufbewahrung von Büchern, Aufzeichnungen und Unterlagen in elektronischer Form sowie zum Datenzugriff
GuV	Gewinn und Verlust
HGB	Handelsgesetzbuch
i.d.R.	in der Regel
i.H.v.	in Höhe von
i.S.d.	im Sinne der/des
i.V.m.	in Verbindung mit

IKR	Industriekontenrahmen
KG	Kommanditgesellschaft
L+L	Lieferungen und Leistungen
Lifo	Last-in-first-out (Verbrauchsfolgeverfahren)
m. w. N.	mit weiteren Nachweisen
o. g.	oben genannt/e/n
OCR	Optical Character Recognition
OHG	Offene Handelsgesellschaft
PKW	Personenkraftwagen
PWB	Pauschalwertberichtigung/en
R	Richtlinie
Rn.	Randnummer/n
Rz.	Randziffer/n
RPA	Robotic Process Automation
S.	Seite
SBK	Schlussbilanzkonto
SKR	Standardkontenrahmen
sog.	sogenannt/e/n
u. a.	unter anderem/und andere
UStG	Umsatzsteuergesetz
usw.	und so weiter
Vgl.	Vergleiche
z. B.	zum Beispiel
ZUGFeRD	Zentraler User Guide Forum elektronischer Rechnung Deutschland

Rechnungswesen praktisch

Die Brüder Jan und Ben Frisch sind leidenschaftliche Genießer von Eiscreme. Sie kennen sich daher auf dem Markt für Eiscreme sehr gut aus und entschließen sich – nachdem beide ihr Bachelorstudium der Betriebswirtschaftslehre absolviert haben -, zur Eröffnung eines Geschäftes für internationale Eisprodukte. Sie möchten ihre Waren sowohl vor Ort in einem Ladenlokal als auch über einen Onlineshop anbieten. Ihr Unternehmen soll in der Rechtsform einer GmbH geführt werden und so gründen sie die „J & B Ice GmbH". Aus ihrem Studium ist ihnen in Erinnerung geblieben, dass es sinnvoll bzw. notwendig ist, ein Rechnungswesen im Unternehmen zu etablieren.

Ihre Kommilitonin, Kathrin Schröder, hat bereits während ihres Studiums ein Immobilienbüro gegründet. Sie führt ihr Unternehmen erfolgreich unter der Firma „Kathrin Schröder Immobilien e. K." in der Rechtsform eines Einzelunternehmens. Auch sie profitiert davon, sich mit dem Thema „Rechnungswesen" auszukennen und fundierte Entscheidungen für ihr Unternehmen treffen zu können.

Peter Krüger handelt seit mehr als drei Jahrzehnten mit Fahrzeugen. Er ist vor allem auf sog. „Classic Cars" spezialisiert. Er betreibt sein Gewerbe als Einzelunternehmen. Als kluger Kaufmann weiß er, dass betriebswirtschaftliche Kenntnisse im Geschäftsleben unverzichtbar sind. Dazu gehört auch, einschätzen zu können, wie sich Geschäftsvorfälle auf die Vermögens-, Finanz-, Liquiditäts- und Erfolgssituation eines Unternehmens auswirken.

Die drei fiktiven Unternehmen „J & B Ice GmbH", „Kathrin Schröder Immobilien e. K." und „Peter Krüger Classics Cars" werden an vielen Stellen des Lehrbuchs aufgegriffen und sollen helfen, die theoretischen Ausführungen zur Buchführung und zur Jahresabschlusserstellung praxisbezogen zu veranschaulichen.

1 Einführung in das Rechnungswesen

Lernziele

- Sie können den Begriff und die Funktionen des Rechnungswesens erläutern.
- Sie kennen die Teilbereiche des Rechnungswesens und können diese insbesondere hinsichtlich der Zwecke und Adressaten voneinander abgrenzen.
- Sie erfassen die grundlegenden Wertbegriffe des betrieblichen Rechnungswesens und wenden diese korrekt an.

1.1 Begriff und Funktionen des Rechnungswesens

Im Rechnungswesen erfolgen die mengen- und wertmäßige **Erfassung** sowie **Überwachung** und **Auswertung aller Geschäftsvorfälle** in einem Unternehmen.

Dabei wird das betriebliche Geschehen modellhaft abgebildet[1] und für Zwecke der Dokumentation, Kontrolle und Planung genutzt. Im Fokus stehen Informationen zur Liquidität, Rentabilität, Wirtschaftlichkeit und Produktivität.[2]

Die **Dokumentationsfunktion** des Rechnungswesens basiert insbesondere auf gesetzlichen und vertraglichen Verpflichtungen. So besteht die Pflicht zur Buchführung und Jahresabschlusserstellung handelsrechtlich für Kaufleute nach §§ 238 Abs. 1 Satz 1, 242 HGB und steuerlich nach §§ 140, 140 AO. Auch aufgrund der Notwendigkeit der Informationsversorgung Dritter, z. B. Eigenkapital- und Fremdkapitalgeber, ist die Aufzeichnung des betrieblichen Geschehens erforderlich. Nicht zuletzt dient die Dokumentation der Geschäftsvorfälle auch der Selbstinformation im Unternehmen. In diesem Kontext steht die **Kontroll- und Planungsfunktion** des Rech-

[1] Vgl. *Kudert/Sorg* (2019), S. 11–13.
[2] Vgl. *Ebert/Steinhübel* (2020), S. 1.

nungswesens. Während die Kontrollfunktion darauf ausgerichtet ist, vergangenheitsorientiert einen Vergleich der wirtschaftlichen Ist-Situation mit der Soll-Situation abzubilden, ist die Planungsfunktion zukunftsgerichtet mit dem Ziel, durch Informationen zur wirtschaftlichen Situation eines Unternehmens Entscheidungen zu unterstützen.[3]

1.2 Teilbereiche des Rechnungswesens

Vor dem Hintergrund der verschiedenen Funktionen lässt sich das Rechnungswesen in die unterschiedlichen **Teilbereiche**

- Buchführung und Jahresabschluss,
- Kosten- und Leistungsrechnung,
- Planungsrechnungen und
- Statistik

gliedern.

Im Rahmen der **Buchführung** (häufig auch als Finanz- bzw. Geschäftsbuchhaltung bezeichnet) erfolgt zunächst die zeitraumbezogene Erfassung der Geschäftsvorfälle, d.h. über das gesamte Geschäftsjahr hinweg. Auf dieser Grundlage wird mit dem **Jahresabschluss** stichtagsbezogen (i.d.R. zum Ende des Geschäftsjahres) die wirtschaftliche Lage des Unternehmens in aggregierter Form wiedergegeben. Die dort erfassten Informationen zur Vermögens-, Finanz-, Liquiditäts- und Erfolgssituation eines Unternehmens sind für eine Vielzahl von internen und externen Adressaten bestimmt. Zu nennen sind beispielsweise Eigenkapitalgeber (Gesellschafter, Aktionäre), Kreditinstitute, Lieferanten, Abnehmer, Mitarbeitende sowie der Staat. Dieser Teil des Rechnungswesens wird als **externes Rechnungswesen** bezeichnet.

In der **Kosten- und Leistungsrechnung** (häufig auch als Betriebsbuchhaltung bezeichnet) erfolgt die Aufbereitung der Informationen aus der Buchführung für innerbetriebliche Zwecke, insbesondere die Ermittlung des kurzfristigen Betriebserfolgs, die Kalkulation sowie die Überwachung der Wirtschaftlichkeit der betrieblichen Prozesse und der Zahlungsfähigkeit. Diese Informationen stehen Unternehmensexternen regelmäßig nicht zur Verfügung. Die Kosten- und Leistungsrechnung ist Teil des **internen Rechnungswesens**. Zu diesem gehören auch die **Statistik** sowie die **Planungsrechnungen**. Die Statistik stellt mit den Daten der Buchführung bzw. Kosten- und Leistungsrechnung Kennzahlen zur Verfügung (z.B. Umsatzstatistik), mit denen mittels Zeit- und Betriebsvergleichen die

[3] Vgl. *Fischbach* (2022), S. 1.

Planungsentscheidungen (z. B. Produktions-, Absatz-, Investitions- und Finanzplanungen) unterstützt werden sollen.[4]

Finanzbuchhaltung	Sachliche und zeitliche Aufzeichnung aller Geschäftsvorfälle (**Buchführung**) und jährliche Darstellung der Vermögens-, Finanz-, Liquiditäts- und Erfolgslage (**Jahresabschluss**)	**Externes Rechnungswesen**
Kosten- und Leistungsrechnung, Planungsrechnungen, Statistik	Aufbereitung der Informationen aus der Buchführung für innerbetriebliche Zwecke (Ermittlung des kurzfristigen Betriebserfolgs, Kalkulation, Überwachung der Wirtschaftlichkeit)	Internes Rechnungswesen

Tabelle 1: Teilbereiche des Rechnungswesens

Beispiel zu den Adressaten des internen und des externen Rechnungswesens

Die Adressaten des internen Rechnungswesens der „J & B Ice GmbH" sind Jan und Ben Frisch. Die im Rahmen der Buchführung erfassten Geschäftsvorfälle liefern die Daten, um u. a. die Selbstkosten ihrer Waren zu bestimmen und ihre betrieblichen Entscheidungen treffen und überprüfen zu können, z. B. welche Produkte gekauft werden, zu welchen Verkaufspreisen diese abgesetzt werden können usw.

Als Adressat ihrer externen Rechnungslegung ist beispielsweise Jim Frisch, der Vater der beiden Brüder, zu nennen. Er hat der GmbH ein Darlehen i. H. v. 25.000 Euro zur Verfügung gestellt, damit verschiedene Gegenstände für die Betriebs- und Geschäftsausstattung angeschafft werden können. Jim Frisch hat damit die Stellung eines Gläubigers. Sein Interesse liegt darin, Informationen über die Vermögens-, Finanz-, Liquiditäts- und Erfolgssituation der „J & B Ice GmbH" zu erhalten und Rückschlüsse ziehen zu können, inwieweit er mit einer Rückzahlung des Darlehens und der Zahlung der Zinsen rechnen kann. Hierfür dient ihm der Jahresabschluss.

Übung

Überlegen Sie, welche Adressaten das interne und das externe Rechnungswesen von „Kathrin Schröder Immobilien e. K." und „Peter Krüger Classic Cars" haben könnten.

[4] Vgl. ausführlich z. B. *Wöhe/Mock* (2010), S. 2–7; *Wehrheim* (2011), S. 6–12.

Neben den unterschiedlichen Aufgaben und Adressaten lassen sich weitere Unterscheidungskriterien in Bezug auf das interne und das externe Rechnungswesen nennen. So unterliegt das externe Rechnungswesen insbesondere mit den handelsrechtlichen und steuerlichen Vorschriften einer umfangreichen **gesetzlichen Regulierung**.

Das interne Rechnungswesen hingegen wird entsprechend den Anforderungen und Bedürfnissen des jeweiligen Unternehmens gestaltet. Rechtsvorschriften sind dabei nicht zu beachten.

Ausgehend von den Aufgaben des internen und externen Rechnungswesens sind auch Unterschiede in Bezug auf die **Durchführungshäufigkeit** und den **Betrachtungszeitraum** abzuleiten. So wird beispielsweise die Kostenrechnung in deutlich kürzeren Zeitabständen und bezogen auf kürzere Intervalle (quartalsweise, monatlich oder täglich) als die Jahresabschlusserstellung (jährlich) durchgeführt. Die Informationen des externen Rechnungswesens sind vergangenheitsbezogen. Die Daten des internen Rechnungswesens beziehen sich sowohl auf die Vergangenheit als auch auf die Gegenwart und die Zukunft.

Das Ergebnis der Kostenrechnung ist der Betriebserfolg. Dieser erfasst ausschließlich die betriebsbedingt verursachten **Kosten** bzw. erzielten **Erlöse** (Diese werden auch synonym als Leistungen bezeichnet). Das Ergebnis der Finanzbuchhaltung ist der Geschäftserfolg bzw. der Gewinn. Dieser ergibt sich als Saldo aus sämtlichen Werteverzehren (**Aufwendungen**) und Wertezuwächsen (**Erträgen**) eines Unternehmens.[5]

Die folgende Übersicht fasst die vorgenannten Ausführungen zusammen:

Externes Rechnungswesen	Internes Rechnungswesen
– Finanzbuchhaltung (Buchführung, Jahresabschluss)	– Kosten- und Leistungsrechnung, Planungsrechnungen, Statistik
– Dokumentation, Information, Zahlungsbemessung, Steuerbilanz	– Planung, Steuerung, Kontrolle
– externe und interne Adressaten	– interne Adressaten
– Zeitbezug jährlich	– Zeitbezug monatlich, quartalsweise
– vergangenheitsorientiert	– vergangenheits-, gegenwarts- und zukunftsorientiert
– gesetzliche Regelungen	– keine gesetzlichen Regelungen, betriebswirtschaftliche Anforderungen
– Geschäftserfolg = Aufwendungen - Erträge	– Betriebserfolg = Erlöse - Kosten

Abbildung 1: Abgrenzung des externen und internen Rechnungswesens

[5] Vgl. *Fischbach* (2022), S. 5.

1.3 Grundlegende Begriffe im Rechnungswesen

Ausgehend von den unterschiedlichen Funktionen bzw. Aufgaben des Rechnungswesens werden verschiedene **Rechengrößen** (**Stromgrößen** und **Bestandsgrößen**) genutzt. Sie liefern die für die jeweiligen Zwecke benötigten Informationen. Die folgende Tabelle enthält zunächst einen Überblick über diese grundlegenden Begriffe:[6]

Stromgrößen	Bestandsgrößen
Einzahlungen und Auszahlungen	Zahlungsmittelbestand
Einnahmen und Ausgaben	Geldvermögen
Aufwendungen (bzw. Aufwand) und Erträge	Netto-/Reinvermögen
Kosten und Erlöse (bzw. Leistungen)	Betriebsnotwendiges Vermögen

Tabelle 2: Strom- und Bestandsgrößen im Rechnungswesen

Der **Zahlungsmittelbestand** (Bestand an liquiden Mitteln) wird durch **Einzahlungen** (Zufluss an liquiden Mitteln) erhöht und durch **Auszahlungen** (Abfluss an liquiden Mitteln) vermindert. Er setzt sich zusammen aus dem Kassenbestand und dem Bankguthaben. Ein- und Auszahlungen bzw. die Höhe des Zahlungsmittelbestands geben mithin Aufschluss über die Liquiditätssituation bzw. die Zahlungsfähigkeit eines Unternehmens. Im Rahmen von Investitionsentscheidungen ist die Berücksichtigung zukünftiger Ein- bzw. Auszahlungsüberschüsse von Investitionsprojekten hilfreich.[7]

Beispiel zu Geschäftsvorfällen, die Ein- bzw. Auszahlungen bewirken
Ein Kunde der „J & B Ice GmbH" überweist einen fälligen Rechnungsbetrag auf das Bankkonto der GmbH. Dieser Zugang auf dem Bankkonto stellt eine **Einzahlung** dar, die den Zahlungsmittelbestand erhöht.

Die „J & B Ice GmbH" kauft über ebay Kleinanzeigen ein gebrauchtes Hochregal und zahlt den Kaufpreis bei Abholung in bar. Dieser Abgang an Zahlungsmitteln stellt eine **Auszahlung** dar. Der Zahlungsmittelbestand verringert sich entsprechend.

[6] Vgl. ausführlich z. B. *Baetge* et al. (2021), S. 2–5.
[7] Vgl. *Wöhe* et al. (2020), S. 632.

Übung

Überlegen Sie, welche Geschäftsvorfälle in den Unternehmen „Kathrin Schröder Immobilien e. K." und „Peter Krüger Classic Cars" zu Einzahlungen und Auszahlungen führen könnten.

Das **Geldvermögen** wird bestimmt durch die Einnahmen und Ausgaben eines Unternehmens. Es besteht aus dem Zahlungsmittelbestand zuzüglich der Forderungen und abzüglich der Verbindlichkeiten des Unternehmens. Bei **Einnahmen** handelt es sich um die Gegenwerte der in einer Periode getätigten Lieferungen und Dienstleistungen sowie Einlagen. Einnahmen erhöhen das Geldvermögen. **Ausgaben** stellen die Beschaffungswerte der in einer Periode zugegangenen Güter und Dienstleistungen sowie Entnahmen und öffentlichen Abgaben dar. Sie vermindern das Geldvermögen.[8]

Beispiel zu Geschäftsvorfällen, die Einnahmen bzw. Ausgaben bewirken

Ein Kunde der „J & B Ice GmbH" kauft Waren auf Ziel. Zu diesem Zeitpunkt bleibt der Zahlungsmittelbestand der GmbH gleich; der Forderungsbestand steigt. Durch den Warenverkauf wird eine **Einnahme** in Höhe des Gegenwertes der Lieferung an den Kunden bewirkt. Das Geldvermögen der GmbH erhöht sich entsprechend.

Die „J & B Ice GmbH" lässt ihre Geschäftsräume renovieren. Nach Abschluss der Arbeiten erhält die GmbH eine Rechnung, die erst nach Ablauf der Zahlungsfrist von 30 Tagen beglichen wird. Im Zeitpunkt der Rechnungstellung verändert sich der Zahlungsmittelbestand nicht. Der Bestand an Verbindlichkeiten steigt. Damit stellt der Vorgang eine **Ausgabe** dar, und zwar in Höhe des Wertes der Dienstleistung. Das Geldvermögen verringert sich durch diesen Geschäftsvorfall in Höhe der Ausgabe.

Übung

Überlegen Sie, welche Geschäftsvorfälle in den Unternehmen „Kathrin Schröder Immobilien e. K." und „Peter Krüger Classic Cars" zu Einnahmen und Ausgaben führen könnten.

Bei einigen Geschäftsfällen fallen die Zeitpunkte der Ein- bzw. Auszahlung und der Einnahme bzw. Ausgabe zusammen. In diesem Fall wird von einer **einnahmengleichen Einzahlung** (Einzahlung und Einnahme) bzw. **ausgabengleichen Auszahlung** (Auszahlung und Ausgabe) gesprochen.

[8] Vgl. *Hufnagel/Burgfeld-Schächer* (2022), S. 25 f.

Fallen die Zeitpunkte auseinander, liegt entweder eine einnahmenlose Einzahlung (Einzahlung, aber keine Einnahme) bzw. **ausgabenlose Auszahlung** (Auszahlung, aber keine Ausgabe) oder eine einzahlungslose Einnahme (keine Einzahlung, aber Einnahme) bzw. **auszahlungslose Ausgabe** (keine Auszahlung, aber Ausgabe) vor.[9] Die folgenden Beispiele stellen diese Zusammenhänge für Auszahlungen und Ausgaben dar:

Beispiel zur Abgrenzung von Auszahlungen und Ausgaben
Ein **Barkauf** von Waren ist für die „J & B Ice GmbH" eine **ausgabengleiche Auszahlung**. Durch die Verringerung des Kassenbestandes werden sowohl der Zahlungsmittelbestand als auch das Geldvermögen reduziert.

Tilgungen auf das Darlehen, das Jim Frisch der „J & B Ice GmbH" gewährt hat, sind aus Sicht der GmbH **ausgabenlose Auszahlungen**. Es erfolgen Auszahlungen zu Lasten des Bankguthabens, dadurch verringert sich der Zahlungsmittelbestand der GmbH. Es kommt jedoch nicht zu Ausgaben, da das Geldvermögen der GmbH gleichbleibt: Dem verringerten Zahlungsmittelbestand steht eine Verringerung der Verbindlichkeiten in gleichem Maße gegenüber.

Die **Anschaffung** eines Verkaufstresens mit Kühlung für ein Ladengeschäft **auf Ziel** führt zu einer **auszahlungslosen Ausgabe**, da zunächst der Zahlungsmittelbestand nicht tangiert wird, jedoch die Verbindlichkeiten L+L (=Geldvermögen) zunehmen. Im Zeitpunkt der Begleichung der Lieferantenrechnung kommt es dann zu einer **ausgabenlosen Auszahlung**.

Der Geschäftserfolg eines Unternehmens wird durch die Erträge und Aufwendungen bestimmt. Sie führen zu einer Erhöhung bzw. Verminderung des Netto- /Reinvermögens (Eigenkapital als Residualgröße als Differenz von Vermögen und Schulden). **Erträge** stellen jeden bewerteten betrieblichen Wertezuwachs dar. Sie erhöhen das **Rein- bzw. Nettovermögen**. Jeglicher bewerteter Verzehr von Gütern und Dienstleistungen ist als **Aufwendung** (auch als Aufwand bezeichnet) zu erfassen. Aufwendungen vermindern das Rein- bzw. Nettovermögen. Im Rahmen der Berichterstattung erhalten externe Adressaten mit diesen Größen Informationen über den Erfolg des Unternehmens im abgelaufenen Geschäftsjahr.[10]

[9] Vgl. *Fischbach* (2022), S. 8 f.
[10] Vgl. *Wöhe* et al. (2020), S. 632.

Beispiel zu Geschäftsvorfällen, die Erträge bzw. Aufwendungen bewirken

Die „J & B Ice GmbH" erhält Zinsen auf ein Tagesgeldkonto. Die Zinsen stellen **Erträge** dar und erhöhen das Rein- bzw. Nettovermögen.

Die „J & B Ice GmbH" spendet einen Geldbetrag an eine gemeinnützige Vereinigung. Die Spende stellt **Aufwand** dar und verringert das Rein- bzw. Nettovermögen.

Übung

Überlegen Sie, welche Geschäftsvorfälle in den Unternehmen „Kathrin Schröder Immobilien e. K." und „Peter Krüger Classic Cars" zu Erträgen und Aufwendungen führen könnten.

Auch Ausgaben und Aufwendungen können zeitlich zusammen- oder auseinanderfallen. Bei einem zeitlichen Zusammentreffen wird von **aufwandsgleichen Ausgaben** gesprochen. Fallen Ausgaben und Aufwendungen zeitlich auseinander, liegen entweder **aufwandslose Ausgaben** oder **ausgabenlose Aufwendungen** vor. Diese Systematik ist gleichermaßen für Einnahmen und Erträge anzuwenden. Das nachfolgende Beispiel stellt die Abgrenzung von Ausgaben und Aufwendungen vor:

Beispiel zur Abgrenzung von Ausgaben und Aufwendungen

Eine **aufwandsgleiche Ausgabe** stellt die Zahlung von Löhnen und Gehältern zu Lasten des Bankguthabens dar. Das Geld- und das Nettovermögen verringern sich in gleichem Maße.

Eine **aufwandslose Ausgabe** liegt vor, wenn die „J & B Ice GmbH" einen Verkaufstresen erwirbt und den Kaufpreis durch Banküberweisung begleicht. Die Anschaffung manifestiert sich in einer reinen Bestandsbuchung (Änderung der Vermögensstruktur) und löst keinen Erfolg (Aufwand) aus. Es vermindert sich das Geldvermögen, das Nettovermögen bleibt unverändert.

Planmäßige Abschreibungen auf den Verkaufstresen stellen hingegen Aufwendungen dar, die nicht zu einer Ausgabe führen. Das Nettovermögen ist vermindert, da der Verkaufstresen einen geringeren Wert hat, das Geldvermögen bleibt hingegen konstant, da Abschreibungen keine Zahlungen auslösen. Bei diesem Geschäftsfall handelt es sich um **ausgabenlose Aufwendungen**.

Während im Rahmen des externen Rechnungswesens der Blick auf den gesamten Geschäftserfolg gerichtet ist, erfordern die Zwecke der Kosten- und Leistungsrechnung eine Fokussierung auf die Wertezuwächse und Werteverzehre, die aus der **typischen** betrieblichen Tätigkeit resultieren. Die relevanten Rechengrößen sind **Erlöse** (auch als Leistungen bezeichnet) und **Kosten**. Sie beeinflussen die Höhe des **betriebsnotwendigen Vermögens**. Grundsätzlich lassen sich die Erlöse und Kosten aus den in der Buchführung erfassten Erträgen und Aufwendungen ableiten. Da in der Kostenrechnung jedoch nur der typische betriebliche Ablauf abgebildet werden soll, sind beispielsweise betriebsfremde (z. B. Kursverluste bei Aktien), periodenfremde (z. B. Steuernachzahlungen für vergangene Perioden) und außergewöhnliche Aufwendungen (z. B. Veräußerung eines PKW „mit Verlust") zu eliminieren.[11]

Beispiel zu Geschäftsvorfällen, die Erlöse bzw. Kosten bewirken

Die „J & B Ice GmbH" erzielt Umsatzerlöse aus dem Verkauf von Eisprodukten. Es handelt sich um einen Wertezuwachs aus der typischen betrieblichen Tätigkeit, mithin um **Erlöse**. Diese erhöhen das betriebsnotwendige Vermögen der GmbH.

Jan und Ben Frisch nutzen für die Bürotätigkeiten für die „J & B Ice GmbH" einen Arbeitsplatz im nahegelegenen Coworking Space. Da die Nutzungsgebühr als Werteverzehr im Zusammenhang mit der typischen betrieblichen Tätigkeit der GmbH anzusehen ist, handelt es sich um **Kosten**. Das betriebsnotwendige Vermögen der GmbH wird entsprechend gemindert.

Übung

Überlegen Sie, welche Geschäftsvorfälle in den Unternehmen „Kathrin Schröder Immobilien e. K." und „Peter Krüger Classic Cars" zu Erlösen und Kosten führen könnten.

[11] Vgl. ausführlich zur Abgrenzung von Aufwendungen und Kosten *Fischbach* (2022), S. 10–13.

Abschließend soll der Unterschied zwischen Kosten und Aufwendungen anhand des folgenden Beispiels verdeutlicht werden:

Beispiel zur Abgrenzung von Aufwendungen und Kosten
Die Lohnzahlung für das Verkaufspersonal der „J & B Ice GmbH" stellt einen betriebsnotwendigen Vorgang dar. Es handelt sich daher gleichzeitig um Aufwand und Kosten.

Die „J & B Ice GmbH" stellt unentgeltlich Eis für das Sommerfest einer Kindertagesstätte zur Verfügung. Es handelt sich um eine Sachspende, die das Netto-/Reinvermögen der GmbH mindert. Allerdings handelt es sich nicht um einen betriebsnotwendigen Vorgang. Somit liegt Aufwand vor, jedoch handelt es sich nicht um Kosten i. S. d. Kostenrechnung.

Wie wichtig die exakte Abgrenzung der Rechengrößen des Rechnungswesens und ihrer Bedeutung ist, zeigt das abschließende Beispiel.

Beispiel zur Abgrenzung der Rechengrößen des Rechnungswesens
Jan und Ben Frisch überlegen sich, dass sie durch die Gewährung langer Zahlungsziele einen Wettbewerbsvorteil haben und so mehr Kundschaft gewinnen könnten. Die „J & B Ice GmbH" gewährt daher großzügige Zahlungsziele von bis zu sechs Monaten. Ihre Auftragseingänge steigen in den folgenden Wochen tatsächlich an. Da Aufwendungen und Erträge zu verbuchen sind, wenn sie wirtschaftlich verursacht sind, können Jan und Ben Frisch daraus einen Anstieg des Netto-/Reinvermögens (Erfolgslage) verzeichnen. Allerdings nutzt ihre Kundschaft die langen Zahlungsziele aus, sodass die „J & B Ice GmbH" Auszahlungen für die Beschaffung der Waren leisten muss, die entsprechenden Einzahlungen ihrer Kunden jedoch nur schleppend verzeichnen kann. Der Zahlungsmittelbestand (Liquiditätslage) wird durch diese Aktion negativ beeinflusst.

1.4 Zusammenfassung

1. Im Rechnungswesen erfolgen die mengen- und wertmäßige Erfassung sowie Überwachung und Auswertung aller tatsächlichen Geschäftsvorfälle in einem Unternehmen.
2. Das Rechnungswesen besitzt eine Dokumentations-, Kontroll- und Planungsfunktion.
3. Es kann in die Teilbereiche Buchführung und Jahresabschluss, Kosten- und Leistungsrechnung, Planungsrechnungen und Statistik untergliedert werden.

4. Die Buchführung und daraus abgeleitet der Jahresabschluss dienen der Abbildung der Vermögens-, Finanz-, Liquiditäts- und Erfolgssituation eines Unternehmens. Sie dienen einer Vielzahl von Adressaten als Quelle der Informationsbeschaffung. Dieser Teilbereich wird als externes Rechnungswesen bezeichnet.
5. Die Kosten- und Leistungsrechnung, die Planungsrechnungen und die Statistik stellen das interne Rechnungswesen dar. Ihre Informationen dienen ausschließlich internen Zwecken.
6. Weitere Abgrenzungskriterien sind die gesetzliche Regulierung, die Durchführungshäufigkeit und der Betrachtungszeitraum.
7. Aufgrund der unterschiedlichen Funktionen des Rechnungswesens werden verschiedene Rechengrößen (Strom- und Bestandsgrößen) genutzt.
8. Zur Abbildung des Zahlungsmittelbestands als Ausweis der Liquiditätssituation werden die Einzahlungen und Auszahlungen betrachtet.
9. Das Geldvermögen bezieht neben den liquiden Mitteln auch die Forderungen und Verbindlichkeiten mit ein.
10. Erträge und Aufwendungen bestimmen die Höhe des Rein- bzw. Nettovermögens. Sie umfassen jeglichen Wertezuwachs und -verzehr und geben Aufschluss über den gesamten Geschäftserfolg eines Unternehmens.
11. In der Kosten- und Leistungsrechnung liegt der Fokus der Betrachtung insbesondere auf dem typischen betrieblichen Leistungserstellungsprozess. Hierzu werden die Erlöse (Leistungen) und Kosten betrachtet, die die Höhe des Betriebserfolgs und des betriebsnotwendigen Vermögens beeinflussen.

2 Die doppelte Buchführung

Lernziele

- Sie kennen das Wesen und die Aufgaben der handelsrechtlichen Buchführung.
- Sie können den rechtlichen Rahmen für die Buchführung aufzeigen.
- Sie wissen, wer nach handelsrechtlichen Grundsätzen zur Buchführung verpflichtet ist.
- Sie sind mit dem Begriff der Grundsätze ordnungsmäßiger Buchführung vertraut und können die Inhalte und die Bedeutung einzelner GoB die Buchführung betreffend erläutern.
- Sie kennen die rechtlichen Anforderungen an die Inventur und mögliche Inventurerleichterungen.
- Sie können die Inhalte des Inventars und den Übergang auf die Bilanz erläutern.
- Sie können die Inhalte und die Gliederung der Bilanz darstellen.
- Sie können die Ermittlung des Erfolgs durch Eigenkapitalvergleich nachvollziehen.
- Sie kennen den Inhalt und die Gliederungsmöglichkeiten der Gewinn- und Verlustrechnung.

2.1 Grundlagen der Buchführung

2.1.1 Begriff, Methodik und Aufgaben der Buchführung

Die **Buchführung** als Teil des betrieblichen Rechnungswesens wird auch als Geschäfts- oder Finanzbuchhaltung bezeichnet. Ihre Aufgabe besteht darin, alle Geschäftsvorfälle aufzuzeichnen. Diese Aufzeichnungen müssen in der Reihenfolge des Auftretens, ohne Lücken und systematisch erfolgen.

Hinsichtlich der Methodik, Bücher zu führen, lassen sich die kameralistische, die doppelte und die einfache Buchführung unterscheiden.[12]

Bei der **kameralistischen Buchführung** erfolgt ausschließlich die Aufzeichnung von Einnahmen und Ausgaben in zeitlicher Hinsicht. Das zentrale Instrumentarium ist der Haushaltsplan; eine Inventur und die Bewertung von Vermögen und Schulden erfolgen nicht. Damit entspricht die Kameralistik nicht den Anforderungen an eine kaufmännische Buchführung. Genutzt wird die kameralistische Buchführung insbesondere in der öffentlichen Verwaltung (Kommunen, Länder, Bund). Allerdings wird auch in diesen Bereichen mehr und mehr auf das System der doppelten Buchführung umgestellt.[13]

Das System der **doppelten Buchführung** (Doppik) geht auf das 15. Jahrhundert und den Franziskanermönch und Mathematiker, Luca Pacioli, zurück.[14] Das Hauptmerkmal der doppelten Buchführung ist, dass jeder Geschäftsvorfall zweifach (= doppelt) in der Buchführung erfasst wird („Soll an Haben“). Dies ermöglicht auch das Erfassen und Bewerten von Vermögen und Schulden und damit die Ermittlung des Geschäftserfolgs durch die Berücksichtigung der Änderungen in der Vermögensrechnung und in der Erfolgsrechnung.[15]

Abgeleitet aus der doppelten, jedoch hinsichtlich der Anforderungen reduziert, ist die **einfache Buchführung**. Sie entspricht der steuerlichen Gewinnermittlung mittels Einnahmen-Überschuss-Rechnung nach § 4 Abs. 3 EStG.[16] Im Folgenden wird ausschließlich auf die Methodik der doppelten Buchführung abgestellt. Diese wird detailliert in Kapitel 3 behandelt.

Durch die Buchhaltung werden der aktuelle Stand sowie die Veränderungen des Anlage- und des Umlaufvermögens sowie des Eigen- und Fremdkapitals fortlaufend dokumentiert. Das so erstellte Rechenwerk ist die Grundlage der Gewinn- und Verlustrechnung (GuV-Rechnung) und der Bilanz. Des Weiteren liefert die Buchhaltung notwendige Daten für die Kosten- und Leistungsrechnung.[17]

Direkt und indirekt aufgrund ihrer Bedeutung für die Erstellung der Gewinn- und Verlustrechnung und der Bilanz sowie für die Kosten- und Leistungsrechnung dient die Buchführung

- der Selbstinformation des Unternehmers,
- der Information der Gesellschafter über den Geschäftsverlauf,

[12] Vgl. ausführlich z. B. *Tanski* (2013), S. 32–35.
[13] Vgl. ausführlich z. B. *Coenenberg/Haller/Mattner/Schultze* (2021), S. 121.
[14] Vgl. ausführlich *Pacioli* (1997).
[15] Vgl. ausführlich z. B. *Eisele* (2018), S. 696 f.
[16] Vgl. *Coenenberg/Haller/Mattner/Schultze* (2021), S. 122.
[17] Vgl. *Falterbaum* et al. (2020), S. 46.

- der Ermittlung der steuerlichen Bemessungsgrundlagen,
- dem Schutz der Gläubiger und
- der Beweisfunktion.

Zur **Selbstinformation** kann das Unternehmen aus der Buchführung beispielsweise den Stand seines Vermögens und seiner Schulden, die Höhe des Gewinns bzw. des Verlustes sowie den Einfluss von Aufwendungen und Erträgen auf den Erfolg erkennen.[18]

Auch die **Information der Gesellschafter** über den Geschäftsverlauf wird durch die Buchführung unterstützt. Dies kann durch einen direkten Zugriff oder über die Auswertung der Bilanz und der Gewinn- und Verlustrechnung erfolgen.

Die Ermittlung der **steuerlichen Bemessungsgrundlage** erfolgt für die Umsatzsteuer direkt aus der Buchführung. Für die Ertragsteuern (Einkommensteuer, Körperschaftssteuer, Gewerbesteuer) ist der aus der Buchführung abgeleitete handelsrechtliche Jahresabschluss die Grundlage für die Ermittlung der steuerlichen Bemessungsgrundlage.

Der **Schutz der Gläubiger** wird durch die Buchführung mittelbar und unmittelbar unterstützt. Der unmittelbare Gläubigerschutz ergibt sich daraus, dass Kreditgeber vor einer Kreditzusage anhand des aus der Buchführung abgeleiteten Jahresabschlusses die Kreditwürdigkeit überprüfen können. Mittelbar wird der Gläubigerschutz dadurch unterstützt, dass der Unternehmer selbst aufgrund der Informationen aus der Buchführung seine Entscheidungen überwachen und gegebenenfalls anpassen kann.

Die **Beweisfunktion** der Buchhaltung kann beispielsweise im Rahmen eines Gerichtsprozesses bedeutsam sein. So ordnet § 258 Abs 1 HGB an, dass ein Gericht die Vorlage der Handelsbücher anordnen kann.

Sofern ein Unternehmen der Buchführungspflicht unterliegt oder freiwillig Bücher führt, beginnt die Buchführung mit der Unternehmensgründung und endet mit der Liquidation.[19]

2.1.2 Buchführungspflicht

Die für die handelsrechtliche Buchführungspflicht zentrale Norm stellt der § 238 Abs. 1 HGB dar. Diese Vorschrift bestimmt, [dass] „jeder Kaufmann ... verpflichtet [ist], Bücher zu führen und in diesen seine Handelsgeschäfte und die Lage seines Vermögens nach den Grundsätzen ordnungsmäßiger Buchführung ersichtlich zu machen.

[18] Vgl. z. B. *Bornhofen* (2022), S. 4 f.
[19] Vgl. *Wöhe/Kußmaul* (2022), S. 3 f.

Die Buchführung muß so beschaffen sein, daß sie einem sachverständigen Dritten innerhalb angemessener Zeit einen Überblick über die Geschäftsvorfälle und über die Lage des Unternehmens vermitteln kann. Die Geschäftsvorfälle müssen sich in ihrer Entstehung und Abwicklung verfolgen lassen."

Grundsätzlich ist die handelsrechtliche **Buchführungspflicht** an die **Kaufmannseigenschaft** geknüpft.

Wer Kaufmann ist, regelt in diesem Zusammenhang grundsätzlich §1 HGB. Diese Vorschrift bestimmt, dass Kaufmann ist, wer ein Handelsgewerbe betreibt. Ein **Handelsgewerbe** ist jeder Gewerbebetrieb.

Exkurs

Ob ein **Gewerbebetrieb** vorliegt, kann nach den in § 15 Abs. 2 EStG genannten **Merkmalen** bestimmt werden kann. Diese sind

- die Selbständigkeit,
- die Nachhaltigkeit,
- die Gewinnerzielungsabsicht,
- die Beteiligung am allgemeinen wirtschaftlichen Verkehr und
- das Nichtvorliegen von Land- und Forstwirtschaft bzw. von selbständiger Arbeit (z. B. als Tätigkeit in einem freien Beruf).

Eine Ausnahme vom Vorliegen eines Handelsgewerbes und mithin von der Kaufmannseigenschaft ist in §1 Abs. 2 HGB kodifiziert. Nach dieser Vorschrift setzt das Vorliegen eines Handelsgewerbes voraus, dass ein Unternehmen nach Art oder Umfang einen in kaufmännischer Weise eingerichteten Geschäftsbetrieb erfordert. Eine grundsätzliche Regelung, wann diese Voraussetzung erfüllt ist, findet sich im Gesetz nicht. Anhaltspunkte für die Prüfung sind beispielsweise die Umsatzerlöse, die Zahl der Mitarbeitenden und Geschäftsverbindungen sowie das Leistungsangebot. Ergibt sich die Kaufmannseigenschaft unmittelbar aus §1 HGB, spricht man vom **Kaufmann kraft Betätigung** bzw. **Ist-Kaufmann**.

Sofern ein gewerbliches Unternehmen nicht nach §1 HGB Handelsgewerbe ist und mithin die Kaufmannseigenschaft besitzt, tritt dies nach §2 HGB ein, wenn das Unternehmen seine Firma in das Handelsregister eintragen lässt.

Für Betriebe der Land- und Forstwirtschaft gilt gemäß §3 i. V. m. §2 HGB, dass, sofern sie über einen in kaufmännischer Weise eingerichteten Geschäftsbetrieb verfügen, die Kaufmannseigenschaft mit der Eintragung der Firma in das Handelsregister entsteht.

Unternehmen, deren Kaufmannseigenschaft sich aus der Eintragung der Firma in das Handelsregister ergibt, werden als **Kaufmann kraft Eintragung** bzw. **Kann-Kaufmann** bezeichnet.

Schließlich bestimmt § 6 HGB, dass die vorgenannten Vorschriften zur Kaufmannseigenschaft auch für Handelsgesellschaften (z. B. AG, GmbH, KG, OHG) gelten. Dies bedeutet, dass sich die Kaufmannseigenschaft der Handelsgesellschaften ebenfalls aus der Bejahung der Frage, ob ein Handelsgewerbe vorliegt, bzw. aus der Eintragung der Firma in das Handelsregister, ergibt. Diese Handelsgesellschaften werden auch als **Formkaufleute** bezeichnet.

Eine **Ausnahme von der handelsrechtlichen Buchführungspflicht** ergibt sich für Einzelunternehmer aus § 241a HGB. Sofern die in dieser Vorschrift genannten Grenzwerte (Umsatzerlöse 600.000 Euro, Jahresüberschuss 60.000 Euro) beide nicht überschritten werden, entfällt die Buchführungspflicht. Für das Gründungsjahr gilt dies sofort, danach müssen die vorgenannten Grenzen an zwei aufeinanderfolgenden Abschlussstichtagen unterschritten werden. Trotz der Befreiungen können Einzelunternehmer auf freiwilliger Basis einen an den handelsrechtlichen Normen orientierten Jahresabschluss erstellen.

Ein Einzelunternehmer kann grundsätzlich mehrere Betriebe haben. Die Pflicht zur Buchführung und Abschlusserstellung ist für jeden Betrieb einzeln zu prüfen.

Die nachstehende Übersicht fasst die Ausführungen zur handelsrechtlichen Buchführungspflicht noch einmal zusammen:

Handelsrechtliche Buchführungspflicht	
§ 238 HGB	alle Kaufleute i. S. d. §§ 1, 2, 3 und 6 HGB
	Handelsgesellschaften kraft Rechtsform immer
§ 241a HGB	**Befreiung** möglich für Einzelkaufleute, wenn Umsatzerlöse ≤ 600.000 Euro und Jahresergebnis ≤ 60.000 Euro

Tabelle 3: Handelsrechtliche Buchführungspflicht

Beispiele zur handelsrechtlichen Buchführungspflicht
Aufgrund ihrer Rechtsform ist die „J & B Ice GmbH" ein Formkaufmann i. S. d. § 6 HGB und damit stets zur Buchführung (§ 238 Abs. 1 Satz 1 HGB) verpflichtet. Die GmbH kann aufgrund ihrer Rechtsform auch nicht die größenabhängige Befreiung nach § 241a HGB beanspruchen.

Inwieweit „Kathrin Schröder Immobilien e. K." nach handelsrechtlichen Grundsätzen zur Buchführung verpflichtet ist, bedarf einer detaillierten Prüfung. Zunächst betreibt Kathrin Schröder ein Handelsgewerbe. Sie könnte daher Kaufmann kraft Betätigung nach § 1 HGB sein, es sei denn, sie benötigte für die Ausübung ihrer Tätigkeit keinen nach Art und Umfang in kaufmännischer Weise eingerichteten Geschäftsbetrieb. Da Kathrin Schröder bisher keine Mitarbeitenden und kein eigenes Büro hat und sich ihre Umsatzerlöse lediglich im niedrigen fünfstelligen Bereich bewegen, kann das Vorliegen der Kaufmannseigenschaft nach § 1 HGB verneint werden. Allerdings hat sich Kathrin Schröder mit ihrer Firma in das Handelsregister eintragen lassen. Damit hat sie die Kaufmannseigenschaft nach § 2 HGB erworben und ist nach § 238 Abs. 1 Satz 1 HGB handelsrechtlich buchführungspflichtig. Sie kann jedoch die Befreiungsvorschrift des § 241a HGB in Anspruch nehmen und sich von der Buchführungspflicht befreien lassen, wenn sie die genannten Voraussetzungen erfüllt.

Für „Peter Krüger Classic Cars" ergibt sich hinsichtlich der handelsrechtlichen Buchführungspflicht eine ähnliche Situation wie für „Kathrin Schröder Immobilien e. K.": Er betreibt ebenfalls ein Handelsgewerbe i. S. d. § 1 HGB. Ob er als Ist-Kaufmann einzustufen und dadurch buchführungspflichtig ist, hängt davon ab, inwieweit er für seine Tätigkeit einen nach Art und Umfang in kaufmännischer Weise eingerichteten Geschäftsbetrieb benötigt. Aber auch, wenn dies zu bejahen wäre, bliebe die Möglichkeit der Befreiung von der Buchführungspflicht nach § 241a HGB zu prüfen. Eine Buchführungspflicht nach den §§ 2, 3 und 6 HGB ergibt sich für Peter Krüger jedenfalls nicht.

2.1.3 Grundsätze ordnungsmäßiger Buchführung

§ 238 Abs. 1 HGB ordnet an, dass die Buchführung nach den Grundsätzen ordnungsmäßiger Buchführung (GoB) zu erfolgen hat.

Der Begriff der GoB wird zwar mehrfach im HGB verwendet; er ist jedoch gesetzlich nicht kodifiziert (= **unbestimmter Rechtsbegriff**). Die GoB lassen sich als allgemein anerkannte Vorschriften zur handelsrechtlichen Buchführung und Jahresabschlusserstellung interpretieren. Sie sind **rechtsformneutral** und **größenunabhängig** anzuwenden. Ihr Regelungsinhalt bezieht sich nicht auf konkrete Vorschriften. Vielmehr stellen sie einen Rahmen für ein ordnungsmäßiges Vorgehen bei der Rechnungslegung dar. Sie unterliegen einer fortwährenden Weiterentwicklung an aktuelle Gegebenheiten, insbesondere durch Rechtsprechung, Fachvertreter und Kaufleute selbst. Lange Zeit waren die GoB ungeschriebener **Handelsbrauch**.

In den vergangenen Jahrzehnten sind sie weitestgehend, jedoch nicht vollständig gesetzlich kodifiziert worden.[20]

Eine einheitliche Systematisierung der Grundsätze ordnungsmäßiger Buchführung gibt es nicht.[21] Eine für die Zwecke dieses Lehrbuchs sinnvolle Einteilung ist eine Gliederung in Grundsätze

- die Buchführung betreffend (§§ 238, 239, 257 und 261HGB),
- die Bilanzierung betreffend (§§ 243 und 246 HGB) und
- die Bewertung betreffend (§§ 252 und 253 HGB).

Anzumerken ist jedoch, dass die Grundsätze für die Buchführung nicht streng isoliert von den Grundsätzen für die Jahresabschlusserstellung zu sehen sind, sondern – so, wie die Buchführung und der Jahresabschluss eine Einheit bilden – auch über den Rahmen der Buchführung hinaus für die Aufstellung des Jahresabschlusses gelten.

Grundsätzlich kann festgestellt werden, dass eine Buchführung dann ordnungsgemäß ist, wenn

- die erforderlichen Bücher geführt werden,
- diese formell zutreffend sind und
- der Inhalt sachlich richtig ist.[22]

Diese Anforderungen an die Ordnungsmäßigkeit ergeben sich sowohl aus gesetzlichen als auch aus außergesetzlichen Normen. Letztere werden auch als **Handelsbrauch** bezeichnet.

Die Buchführung wird heute nur noch in Ausnahmefällen manuell erledigt, vielmehr kommen elektronische Systeme zum Einsatz. Vor diesem Hintergrund sind die Grundsätze zur ordnungsmäßigen Führung und Aufbewahrung von Büchern, Aufzeichnungen und Unterlagen in elektronischer Form sowie zum Datenzugriff (**GoBD**) von besonderer Bedeutung.[23] Nach Rz. 26 dieser Vorschrift sind bei der Führung von Büchern die folgenden Anforderungen zu beachten:

- der Grundsatz der Nachvollziehbarkeit und Nachprüfbarkeit sowie der Wahrheit, Klarheit und fortlaufenden Aufzeichnung.

Die letztgenannten Grundsätze können in

- den Grundsatz der Vollständigkeit,
- die Einzelaufzeichnungspflicht,
- den Grundsatz der Richtigkeit,

[20] Vgl. ausführlich z. B. *Bitz* et al. (2014), S. 20 und S. 127–133.
[21] Vgl. stellvertretend die Systematisierung der GoB nach *Leffson* (1987).
[22] Vgl. *Bornhofen* (2022), S. 13.
[23] Vgl. *Bundesministerium der Finanzen* (2019).

- den Grundsatz der zeitgerechten Buchungen und Aufzeichnungen,
- den Grundsatz der Ordnung und
- den Grundsatz der Unveränderbarkeit

untergliedert werden.

Die Grundsätze ordnungsmäßiger Buchführung und ihre Bedeutung über die Buchführung hinaus werden an späterer Stelle thematisiert.

2.2 Inventur

2.2.1 Rechtlicher Rahmen

Die Erstellung einer Buchführung erfordert es, dass zu Beginn der unternehmerischen Tätigkeit und am Schluss eines jeden Geschäftsjahres eine Bestandsaufnahme des Betriebsvermögens durchgeführt wird. Die rechtliche Grundlage dieser Bestandsaufnahme, die als Inventur bezeichnet wird, stellt §240 HGB dar.

> Die **Inventur** stellt eine mengen- und wertmäßige Erfassung aller Vermögensgegenstände und Schulden dar.

Grundsätzlich zu unterscheiden sind die **körperliche Inventur** und die **Buchinventur**. Bei der körperlichen Inventur erfolgt die Erfassung durch Zählen, Messen, Wiegen und Bewerten der Vermögensgegenstände. Durch die Buchinventur werden diejenigen Vermögensgegenstände berücksichtigt, die körperlich nicht erfassbar sind. Dazu werden Belege und Aufzeichnungen (z. B. Darlehensverträge, Bankbelege) ausgewertet.

§240 Absätze 1 und 2 HGB ordnen grundsätzlich eine **Stichtagsinventur** an. Das bedeutet, dass die mengen- und wertmäßige Bestandsaufnahme des Vermögens und der Schulden auf einen bestimmten Zeitpunkt (Beginn und Beendigung des Handelsgewerbes, Ende des Geschäftsjahres) vorzunehmen ist. Bis zu 10 Tage vor oder nach dem Stichtag werden als zulässig angesehen (= ausgeweitete Stichtagsinventur). Diese Vorgabe findet sich für steuerliche Zwecke in R 5.3 Abs. 1 EStR und kann nach herrschender Meinung auch für das Handelsrecht angewendet werden.[24]

§240 Absätze 3 und 4 HGB räumen für die Inventur zwei **Wahlrechte** zur Vereinfachung ein. Zum einen können Vermögensgegenstände des Sachanlagevermögens sowie Roh-, Hilfs- und Betriebsstoffe, wenn sie regelmäßig ersetzt werden und ihr Gesamtwert für das Unternehmen von nachrangiger Bedeutung ist, mit einer gleichbleibenden Menge und einem gleichbleibenden Wert angesetzt werden, sofern ihr Bestand in seiner Größe, seinem Wert und seiner Zu-

[24] Vgl. *Störk/Lewe* (2022), Rn. 43 f. m. w. N.

sammensetzung nur geringen Veränderungen unterliegt (**Festwert**). Wird von diesem Wahlrecht Gebrauch gemacht, ist in der Regel nur alle drei Jahre eine körperliche Bestandsaufnahme durchzuführen.

Zum anderen können gleichartige Vermögensgegenstände des Vorratsvermögens sowie andere gleichartige oder annähernd gleichwertige bewegliche Vermögensgegenstände und Schulden jeweils zu einer Gruppe zusammengefasst und mit dem **gewogenen Durchschnittswert** angesetzt werden.[25]

2.2.2 Inventurerleichterungen

Wie bereits ausgeführt, muss die Inventur grundsätzlich alle Vermögensgegenstände und Schulden einzeln erfassen und bewerten.

Demgegenüber besteht die Möglichkeit, drei Inventurerleichterungen, die in §241 HGB normiert sind, in Anspruch zu nehmen. Dies sind:

- die Stichprobeninventur,
- die permanente Inventur und die
- zeitverschobene Inventur.

Bei der **Stichprobeninventur** nach §241 Abs. 1 HGB kann die Erfassung nach Art, Menge und Wert auch mit Hilfe anerkannter mathematisch-statistischer Methoden aufgrund von Stichproben vorgenommen werden. Das Verfahren muss den Grundsätzen ordnungsmäßiger Buchführung entsprechen. Bei der **Stichprobeninventur** werden also aus Effizienzgründen nicht alle Positionen erfasst und bewertet; dies erfolgt lediglich für eine Stichprobe. Die so gewonnenen Ergebnisse werden auf die Gesamtheit der zu inventarisierenden Positionen hochgerechnet. Aufgrund der Forderung nach „anerkannten mathematisch statistischen Methoden" wird die Belastbarkeit der so erzielten Ergebnisse gewährleistet.

§241 Abs. 2 HGB bestimmt, dass für den Schluss eines Geschäftsjahrs auf eine körperliche Bestandsaufnahme verzichtet werden kann, soweit durch Anwendung eines den Grundsätzen ordnungsmäßiger Buchführung entsprechenden anderen Verfahrens gesichert ist, dass der Bestand der Vermögensgegenstände nach Art, Menge und Wert auch ohne die körperliche Bestandsaufnahme für diesen Zeitpunkt festgestellt werden kann. Dies ist die Rechtsgrundlage für die sog. **permanente Inventur**. Bei dieser Methode werden die Bestände aufgrund fortlaufend zu führenden Aufzeichnungen ermittelt.

§241 Abs. 3 HGB räumt die Möglichkeit ein, dass die Inventur ganz oder teilweise innerhalb von drei Monaten vor oder zwei Monaten

[25] Vgl. ausführlich z. B. *Bähr* et al. (2006), S. 12–14.

nach dem Stichtag durchgeführt wird (**vor- bzw. nachgelagerte Inventur**). Diese Methode wird in einem sog. besonderen Inventar erfasst. Die Werte werden sodann mit geeigneten Verfahren auf den eigentlichen Stichtag umgerechnet.[26]

2.3 Inventar

Das **Inventar** ist das Ergebnis der Inventur und stellt ein Bestandsverzeichnis der Vermögensgegenstände und Schulden eines Unternehmens dar.

Gesetzliche Gliederungsvorschriften für das Inventar existieren nicht. Jedoch ist es üblich, die **Staffelform** zu verwenden und zunächst die Vermögensgegenstände, gefolgt von den Schulden und schließlich das Eigenkapital darzustellen.

Dabei werden die Vermögensgegenstände nach ihrer Liquidierbarkeit, d.h. nach der Möglichkeit der Umsetzung in Geld, gegliedert (leicht nach schwer).

Dementsprechend werden die Schulden nach ihrer Fälligkeit (lang- vor kurzfristig) aufgelistet.

Aus der Auflistung der Vermögensgegenstände und Schulden nach Art, Menge und Wert kann als Differenz des Werts des Vermögens und der Schulden das Reinvermögen bzw. Eigenkapital des Unternehmens ermittelt werden.

Das Inventar stellt eine wesentliche Grundlage für die Erstellung des Jahresabschlusses dar.[27]

[26] Vgl. ausführlich z.B. *Bähr* et al. (2006), S. 15–18.
[27] Vgl. ausführlich z.B. *Schmidt* et al. (2012), S. 18–21.

Beispiel zum Inventar
Das Inventar der „J & B Ice GmbH" zum 01.01.01 könnte wie folgt aussehen:

Inventar der „J & B Ice GmbH" per 01.01.01		
	Euro	Euro
A. Vermögen		
I. Anlagevermögen		
1. Fuhrpark		
PKW ‚VW Golf'	5.000,00	
PKW ‚VW Caddy'	10.000,00	15.000,00
2. Betriebs- und Geschäftsausstattung		
Kühlanlage		2.000,00
II. Umlaufvermögen		
1. Bankguthaben		
Stadtsparkasse	2.000,00	
Volksbank	4.000,00	6.000,00
2. Kasse		2.000,00
Summe des Vermögens		25.000,00
B. Schulden		
Summe der Schulden	0,00	0,00
C. Ermittlung des Eigenkapitals		
Summe des Vermögens		25.000,00
- Summe der Schulden		0,00
= Eigenkapital (Reinvermögen)		25.000,00

Abbildung 2: Inventar der „J & B Ice GmbH"

2.4 Bilanz

2.4.1 Inhalt

§ 242 Absatz 1 HGB ordnet an, dass jeder Kaufmann verpflichtet ist, zu Beginn seines Handelsgewerbes und zum Schluss eines jeden Geschäftsjahres eine Bilanz aufzustellen.

Eine **Ausnahme von der Pflicht zur Erstellung** einer Bilanz besteht, wie auch hinsichtlich des Führens von Handelsbüchern, für Einzelkaufleute, sofern deren Umsatz weniger als 600.000 Euro beträgt und ihr Jahresüberschuss 60.000 Euro nicht übersteigt. Dies folgt aus § 242 Abs. 4 i. V. m. § 241a HGB.

Grundsätzlich wird auf der linken Seite der Bilanz (**Aktivseite**) das **Vermögen** des Unternehmens ausgewiesen. Sie gibt Aufschluss über die Mittelverwendung im Unternehmen. Die rechte Seite der Bilanz (**Passivseite**) enthält das **Eigenkapital** sowie das **Fremdkapital** und informiert somit über die Mittelherkunft.

Ausgangspunkt für die Erstellung der Bilanz ist das Inventar. Da dieses jedoch sämtliche Vermögensgegenstände und Schulden ihrer Art, ihrer Menge und ihrem Wert nach einzeln aufgeführt beinhalten muss, kann der Umfang des Inventars bei entsprechender Unternehmensgröße beträchtlich und unübersichtlich sein. Der **Inhalt der Bilanz** wird für alle Kaufleute durch § 247 Abs. 1 HGB festgelegt. So müssen in der Bilanz das **Anlagevermögen**, das **Umlaufvermögen**, das **Eigenkapital**, die **Schulden** sowie die **Rechnungsabgrenzungsposten** gesondert mit ihrem Wert (nicht der Menge) ausgewiesen und hinreichend aufgegliedert werden. Dies lässt erkennen, dass die Positionen in der Bilanz zwar auch nachvollziehbar unterteilt werden müssen, jedoch gegenüber dem Inventar in aggregierter Form dargestellt können. Infolgedessen ist die Bilanz in der Regel kürzer als das Inventar.

2.4.2 Gliederung

Im Folgenden werden die einzelnen o. g. Bilanzpositionen näher erläutert. Auf der Aktivseite der Bilanz wird zunächst das Anlagevermögen auswiesen.

> Das **Anlagevermögen** umfasst gemäß § 247 Abs. 2 HGB die Gegenstände, die bestimmt sind, dauernd dem Geschäftsbetrieb zu dienen. Bei der Zuordnung ist weniger eine zeitliche Betrachtung vorzunehmen, sondern auf die tatsächliche Verwendung im Unternehmen abzustellen. Ausschlaggebend sind die objektiven Nutzungseigenschaften und der Wille des Bilanzierenden.[28]

Zum Anlagevermögen zählen insbesondere

- das immaterielle Anlagevermögen (Konzessionen, Patente, Lizenzen),
- die Sachanlagen (Grundstücke, Gebäude, Maschinen, Werkzeuge) und
- die Finanzanlagen (Beteiligungen, langfristige Darlehens- und Hypothekenforderungen, Wertpapiere).

Nach dem Anlagevermögen wird das Umlaufvermögen ausgewiesen.

> Die Definition des **Umlaufvermögens** ergibt sich durch Umkehrschluss aus § 247 Absatz 2 HGB. Mithin umfasst es die Gegenstände, die **nicht** dauernd dem Geschäftsbetrieb dienen.

[28] Vgl. *Bitz* et al. (2014), S. 149.

Zum Umlaufvermögen zählen insbesondere

- Vorräte (Roh-, Hilfs- und Betriebsstoffe, fertige und unfertige Erzeugnisse),
- Forderungen,
- Wertpapiere als kurzfristige Liquiditätsreserve und
- Zahlungsmittel als Kassen- und Bankbestände.

Beispiel zur Zuordnung von Vermögensgegenständen zum Anlage- oder Umlaufvermögen

Kathrin Schröder hält in ihrem Betriebsvermögen Aktien. Im Zeitpunkt des Erwerbs waren die Aktien als kurzfristige Liquiditätsreserve gedacht und daher dem Umlaufvermögen zugeordnet. Da sie auch nach einiger Zeit keine Liquidität benötigt, entschließt sich Kathrin Schröder, die Aktien nun langfristig zu halten. Zum folgenden Bilanzstichtag erfolgt eine Umgliederung der Aktien vom Umlauf- in das Anlagevermögen.

Auf der Passivseite der Bilanz wir zunächst das Eigenkapital und darunter das Fremdkapital ausgewiesen.

Das **Eigenkapital** ergibt sich als Residualgröße als Differenz zwischen dem Vermögen und den Schulden. Es handelt sich um das durch die Unternehmer bzw. Gesellschafter zur Verfügung gestellte bzw. im Unternehmen erwirtschaftete Kapital.

Die Aufgliederung des Eigenkapitals ist abhängig von der Rechtsform. Bei Kapitalgesellschaften werden

- das gezeichnete Kapital,
- die Kapitalrücklage,
- die Gewinnrücklagen,
- der Gewinnvortrag/Verlustvortrag und
- der Jahresüberschuss/-fehlbetrag

ausgewiesen.

Unter dem Eigenkapital wird das **Fremdkapital** dargestellt. Dieses umfasst

- die Rückstellungen (Pensions-, Steuer- und sonstige Rückstellungen) und die
- Verbindlichkeiten (z.B. gegenüber Banken und aus Lieferungen und Leistungen).

Rechnungsabgrenzungsposten stellen Posten eigener Art dar. Sie können sowohl auf der Aktiv- als auch auf der Passivseite vorkommen und dienen der periodengerechten Erfolgserfassung. Erfolgt eine Zahlung (Auszahlung oder Einzahlung) vor dem Bilanzstichtag, deren Erfolgswirkung (Aufwand oder Ertrag) einem Zeitpunkt nach dem Bilanzstichtag zuzurechnen ist, ist der Betrag im alten Geschäftsjahr als aktiver oder passiver Rechnungsabgrenzungsposten zu erfassen und im Folgejahr erfolgswirksam aufzulösen.

Die **Bilanzgleichung** besagt, dass die Summe der Aktiva und die Summe der Passiva, d.h. die Summen der beiden Seiten der Bilanz, immer übereinstimmen müssen. Wie bereits ausgeführt erfolgt der Ausgleich zwischen Vermögen und Schulden durch das Eigenkapital. Übersteigt der Wert der Passiva (ohne Eigenkapital) den Wert der Aktiva, ergibt sich ein negatives Eigenkapital, welches auf der Aktivseite der Bilanz auszuweisen ist.

Im Gegensatz zum Inventar, welches regelmäßig in Listenform erstellt wird, ist die Bilanz – zumindest für Kapitalgesellschaften (§266 Abs.1 Satz 1 HGB) – zwingend in **Kontoform** zu erstellen. In der Praxis folgen dieser Anforderung regelmäßig alle Unternehmen.

Hinsichtlich der **Gliederung** der Bilanz enthält das HGB keine für alle Kaufleute gültige Vorschrift. Lediglich für Kapitalgesellschaften wird in §266 HGB ein Gliederungsschema gesetzlich vorgeschrieben. Als Ordnungskriterium kommt dabei für die Aktivseite die Liquidierbarkeit der Vermögensgegenstände zum Tragen; sie sind in der Reihenfolge zunehmender Liquidierbarkeit anzugeben. Demgegenüber sind die Schulden nach sinkender Fälligkeit (lang- vor kurzfristig) auszuweisen.

Die **Gliederungstiefe** ist nach §266 Abs.1 Sätze 2 bis 4 HGB abhängig von der Größenklasse einer Kapitalgesellschaft. Die in den Absätzen 2 und 3 vorgegebene Untergliederung ist vollständig nur von mittelgroßen und großen Kapitalgesellschaften umzusetzen. Kleine Kapitalgesellschaften brauchen nur die mit Buchstaben und römischen Zahlen, Kleinstkapitalgesellschaften nur die mit Buchstaben bezeichneten Positionen gesondert anzugeben. Selbstverständlich darf jedes Unternehmen freiwillig eine tiefergehende Untergliederung der Bilanzpositionen vornehmen.

In der nachfolgenden Tabelle ist das Bilanzgliederungsschema nach §266 Absätze 2 und 3 HGB für eine kleine Kapitalgesellschaft wiedergegeben.

Aktiva	Bilanz zum 01.01. (...)	Passiva
A. Anlagevermögen I. Immaterielle Vermögensgegenstände II. Sachanlagen III. Finanzanlagen **B. Umlaufvermögen** I. Vorräte II. Forderungen und sonstige Vermögensgegenstände III. Wertpapiere IV. Kassenbestand, Bankguthaben **C. Rechnungsabgrenzungsposten**		**A. Eigenkapital** I. Gezeichnetes Kapital II. Kapitalrücklage III. Gewinnrücklagen IV. Gewinnvortrag/Verlustvortrag V. Jahresüberschuss/Jahresfehlbetrag **B. Rückstellungen** **C. Verbindlichkeiten** **D. Rechnungsabgrenzungsposten**

Abbildung 3: Schema einer Bilanzgliederung für kleine Kapitalgesellschaften

Beispiel zur Bilanzgliederung
Abgeleitet aus dem Inventar ergibt sich für die Eröffnungsbilanz der „J & B Ice GmbH" zum 01.01.01 folgendes vereinfachtes Aussehen:

Eröffnungsbilanz der „J & B Ice GmbH" zum 01.01.01			
SOLL		HABEN	
A. Anlagevermögen		A. Eigenkapital	25.000,00
1. Fuhrpark	15.000,00		
2. Betriebs- und Geschäftsausstattung	2.000,00		
B. Umlaufvermögen			
1. Bankguthaben	6.000,00		
2. Kassenbestand	2.000,00		
	25.000,00		25.000,00

Abbildung 4: Eröffnungsbilanz der „J & B Ice GmbH"

2.4.3 Erfolgsermittlung durch Eigenkapitalvergleich

Der Erfolg eines Unternehmens kann auf der Basis eines Eigenkapitalvergleichs ermittelt werden. Dazu wird das Eigenkapital am Anfang einer Rechnungslegungsperiode vom Eigenkapital am Ende der gleichen Periode abgezogen. Diese Differenz zeigt als Eigenkapital- bzw. Reinvermögensmehrung oder -minderung den Erfolg des Unternehmens an.

Zu berücksichtigen ist dabei, dass getätigte Privatentnahmen und -einlagen, die das Eigenkapital gemindert bzw. erhöht haben, bei dieser Berechnung unberücksichtigt bleiben müssen. Als **Privatentnahmen** werden solche Vorgänge bezeichnet, bei denen Vermögensgegenstände, Nutzungen etc. aus dem Betriebsvermögen in das Privatvermögen überführt, also für betriebsfremde Zwecke verwendet werden.

Beispiele für Privatentnahmen
- Barabhebungen vom Geschäftskonto für private Zwecke
- Verzehr von Handelswaren
- private Nutzung eines betrieblichen PKW

Privateinlagen sind Vorgänge, bei denen Vermögensgegenstände aus dem Privatvermögen in das Betriebsvermögen überführt werden.

Beispiele für Privateinlagen
- Bezahlung einer betrieblichen Rechnung vom Privatkonto
- Nutzung eines privaten Grundstücks und Gebäudes für betriebliche Zwecke

Solche Vorgänge müssen erfolgsneutral behandelt werden, sie dürfen das Eigenkapital eines Unternehmens nicht mindern bzw. erhöhen.[29] Die folgende Übersicht verdeutlicht die Erfolgsermittlung durch Eigenkapitalvergleich:

	Eigenkapital am Ende der Rechnungslegungsperiode
./.	Eigenkapital am Beginn der Rechnungslegungsperiode
+	Privatentnahmen
./.	Privateinlagen
=	**Erfolg** der Rechnungslegungsperiode

Tabelle 4: Erfolgsermittlung durch Eigenkapitalvergleich

2.5 Gewinn- und Verlustrechnung

2.5.1 Inhalt

Wie vorstehend dargestellt, kann die Ermittlung des Jahreserfolgs durch einen Eigenkapitalvergleich vorgenommen werden. Das Ergebnis lässt sich ebenfalls durch die Gegenüberstellung aller Erträge und Aufwendungen eines Geschäftsjahres ermitteln.

[29] Vgl. z.B. *Coenenberg/Haller/Mattner/Schultze* (2021), S. 112 f.

Durch die Gewinn- und Verlustrechnung wird ersichtlich, wie die einzelnen Aufwendungen und Erträge innerhalb der Rechnungslegungsperiode zum Jahresergebnis beigetragen haben.

Selbstredend stimmen das Ergebnis des Eigenkapitalvergleichs und das durch die Gewinn- und Verlustrechnung ermittelte Jahresergebnis überein. Allerdings erfüllt die Gewinn- und Verlustrechnung über die reine Ergebnisermittlung hinaus die Aufgabe, das Zustandekommen des Jahresergebnisses darzustellen.

2.5.2 Gliederung

Wie bei der Bilanz gibt es für die Gliederung der Gewinn- und Verlustrechnung keine für alle Kaufleute gültigen gesetzlichen Vorgaben. Lediglich für Kapitalgesellschaften enthält §275 HGB entsprechende Vorschriften. Es kann jedoch festgestellt werden, dass sich auch die Unternehmen, die nicht zu den Kapitalgesellschaften zählen, an diesen Vorgaben orientieren.

Die Gewinn- und Verlustrechnung kann grundsätzlich nach dem in §275 Abs. 2 HGB genannten **Gesamtkostenverfahren** oder alternativ nach dem in §275 Abs. 3 HGB dargestellten **Umsatzkostenverfahren** erstellt werden. Ausgangspunkt beider Verfahren sind die Umsatzerlöse. Beim Gesamtkostenverfahren werden darüber hinaus sämtliche Aufwendungen und Erträge berücksichtigt. Demgegenüber werden beim Umsatzkostenverfahren lediglich die Aufwendungen und Erträge im Zusammenhang mit den tatsächlich abgesetzten Erzeugnissen erfasst. Das resultierende Jahresergebnis ist bei beiden Verfahren identisch.

Während das Gesamtkostenverfahren tendenziell von kontinentaleuropäischen Unternehmen verwendet wird, wird im angelsächsischen Raum das Umsatzkostenverfahren präferiert.

Die folgende Übersicht stellt die Positionen einer Gewinn- und Verlustrechnung nach dem Gesamtkostenverfahren und nach dem Umsatzkostenverfahren vergleichend dar:

Pos.	Gesamtkostenverfahren (275 Abs. 2 HGB)	Umsatzkostenverfahren (§275 Abs. 3 HGB)
1.	**Umsatzerlöse**	**Umsatzerlöse**
2.	+ Erhöhung oder Verminderung des Bestands an fertigen und unfertigen Erzeugnissen	./. Herstellungskosten der zur Erzielung der Umsatzerlöse erbrachten Leistungen

Pos.	Gesamtkostenverfahren (275 Abs. 2 HGB)	Umsatzkostenverfahren (§ 275 Abs. 3 HGB)
3.	+ andere aktivierte Eigenleistungen	**= Bruttoergebnis vom Umsatz**
4.	+ sonstige betriebliche Erträge	./. Vertriebskosten
5	./. Materialaufwand: a) Aufwendungen für Roh-, Hilfs- und Betriebsstoffe und für bezogene Waren b) Aufwendungen für bezogene Leistungen	./. allgemeine Verwaltungskosten
6.	./. Personalaufwand: a) Löhne und Gehälter b) soziale Abgaben und Aufwendungen für Altersversorgung und für Unterstützung	+ sonstige betriebliche Erträge
7.	./. Abschreibungen: a) auf immaterielle Vermögensgegenstände des Anlagevermögens und Sachanlagen b) auf Vermögensgegenstände des Umlaufvermögens, soweit diese die in der Kapitalgesellschaft üblichen Abschreibungen überschreiten	./. sonstige betriebliche Aufwendungen
8.	./. sonstige betriebliche Aufwendungen	+ Erträge aus Beteiligung
9.	+ Erträge aus Beteiligung	+ Erträge aus anderen Wertpapieren und Ausleihungen des Finanzanlagevermögens
10.	+ Erträge aus anderen Wertpapieren und Ausleihungen des Finanzanlagevermögens	+ sonstige Zinsen und ähnliche Erträge
11.	+ sonstige Zinsen und ähnliche Erträge	./. Abschreibungen auf Finanzanlagen und auf Wertpapiere des Umlaufvermögens
12.	./. Abschreibungen auf Finanzanlagen und auf Wertpapiere des Umlaufvermögens	./. Zinsen und ähnliche Aufwendungen

Pos.	Gesamtkostenverfahren (275 Abs. 2 HGB)	Umsatzkostenverfahren (§ 275 Abs. 3 HGB)
13.	./. Zinsen und ähnliche Aufwendungen	./. Steuern vom Einkommen und vom Ertrag
14.	./. Steuern vom Einkommen und vom Ertrag	**= Ergebnis nach Steuern**
15.	**= Ergebnis nach Steuern**	./. sonstige Steuern
16.	./. sonstige Steuern	**= Jahresüberschuss/Jahresfehlbetrag**
17.	**= Jahresüberschuss/Jahresfehlbetrag**	

Tabelle 5: Gegenüberstellung von Gesamtkosten- und Umsatzkostenverfahren

Die dargestellten Schemata sind in der angegebenen Gliederungstiefe verbindlich nur von großen Kapitalgesellschaften (§ 267 Abs. 3 HGB) anzuwenden. Kleine und mittelgroße Kapitalgesellschaften (§ 267 Absätze 1 und 2 HGB) können nach § 276 HGB bei Anwendung des Gesamtkostenverfahrens die Positionen 1 bis 5 und bei Anwendung des Umsatzkostenverfahren die Positionen 1 bis 3 und 6 zum „Rohergebnis" zusammenfassen. Kleinstkapitalgesellschaften i. S. d. § 267a HGB dürfen entsprechend § 275 Abs. 5 HGB ihre Gewinn- und Verlustrechnung verkürzt nach dem folgenden Schema abbilden:

1.	**Umsatzerlöse**
2.	+ sonstige Erträge
3.	./. Materialaufwand
4.	./. Personalaufwand
5.	./. Abschreibungen
6.	./. sonstige Aufwendungen
7.	./. Steuern
8.	**= Jahresüberschuss/Jahresfehlbetrag**

Tabelle 6: Mindestgliederung der GuV-Rechnung für Kleinstkapitalgesellschaften

2.6 Zusammenfassung

1. Die Buchführung ist Teil des betrieblichen Rechnungswesens. Ihre Aufgabe ist die sachliche und zeitliche, systematische und lückenlose Aufzeichnung aller Geschäftsvorfälle eines Unternehmens. Sie ist die Grundlage für die Erstellung des Jahresabschlusses und die Durchführung einer Kosten- und Leistungsrechnung.
2. Die Buchführung dient u. a. der Selbstinformation des Unternehmens, der Information der am Unternehmen mit Eigen- bzw. Fremdkapital Beteiligten und der Ermittlung der steuerlichen Bemessungsgrundlage.
3. Im System der doppelten Buchführung wird jeder Geschäftsvorfall zweifach erfasst. Die Buchungssystematik lautet stets „Soll an Haben".
4. Die Buchführungspflicht ist grundsätzlich an die Kaufmannseigenschaft geknüpft.
5. Die Kaufmannsarten sind in den §§ 1, 2, 3 und 6 HGB geregelt. Zu unterscheiden sind der Kaufmann kraft Betätigung (Ist-Kaufmann), der Kaufmann kraft Eintragung (Kann-Kaufmann) und der Formkaufmann.
6. Einzelkaufleute können sich unter bestimmten Umständen, die in § 241 a HGB geregelt sind, von der handelsrechtlichen Buchführungspflicht befreien lassen.
7. Die Buchführung hat entsprechend der Grundsätze ordnungsmäßiger Buchführung zu erfolgen.
8. Die Grundsätze ordnungsmäßiger Buchführung (GoB) stellen allgemein anerkannte Vorschriften zur Rechnungslegung dar, die rechtsformneutral und größenunabhängig anzuwenden sind, überwiegend im HGB kodifiziert sind und einer stetigen Weiterentwicklung unterliegen.
9. Zu Beginn der unternehmerischen Tätigkeit und jeweils am Schluss eines Geschäftsjahres ist eine Inventur durchzuführen. Die Inventur ist die mengen -und wertmäßige Erfassung aller Vermögensgegenstände und Schulden durch körperliche Bestandsaufnahme bzw. Buchinventur.
10. Die Inventur ist grundsätzlich stichtagsbezogen vorzunehmen. Aus Vereinfachungsgründen darf nach § 241 HGB unter bestimmten Voraussetzungen eine Stichprobeninventur, eine permanente Inventur oder eine zeitverschobene Inventur durchgeführt werden.
11. Auf der Grundlage der Ergebnisse der Inventur wird das Inventar, d. h. ein Verzeichnis über die Bestände an Vermögensgegenständen und Schulden eines Unternehmens, erstellt.

12. Das Inventar wiederum ist die Grundlage für die Erstellung der Bilanz.
13. In der Bilanz erfolgt die Gegenüberstellung des Vermögens (Aktiva – Mittelverwendung) und des Kapitals (Passiva – Mittelherkunft) eines Unternehmens.
14. Die Bilanz muss das Anlagevermögen, das Umlaufvermögen, das Eigenkapital, die Schulden sowie die Rechnungsabgrenzungsposten, hinreichend aufgegliedert, enthalten.
15. Das Anlagevermögen umfasst die Gegenstände, die bestimmt sind, dauernd dem Geschäftsbetrieb zu dienen. Als Umlaufvermögen gelten die Vermögensgegenstände, die nicht bestimmt sind, dauernd dem Geschäftsbetrieb zu dienen.
16. Das Eigenkapital auf der Passivseite der Bilanz zeigt (als Residualgröße) den Wert der Differenz zwischen Vermögen und Schulden eines Unternehmens.
17. Die Schulden eines Unternehmens können in Rückstellungen und Verbindlichkeiten eingeteilt werden.
18. Rechnungsabgrenzungsposten können sowohl als Aktivposten als auch als Passivposten erscheinen.
19. Die Gewinn- und Verlustrechnung gibt Aufschluss über die Erträge und Aufwendungen eines Geschäftsjahres.
20. Der Geschäftserfolg eines Unternehmens kann (durch die Methodik der doppelten Buchführung) sowohl mittels Eigenkapitalvergleich als auch durch die Gegenüberstellung von Erträgen und Aufwendungen ermittelt werden.
21. Die Gliederungstiefe der Bilanz und der Gewinn- und Verlustrechnung ist rechtsform- und größenabhängig.

3 Technik der doppelten Buchführung

Lernziele

- Sie erkennen, wie sich Geschäftsvorfälle auf der Aktiv- und Passivseite der Bilanz sowie hinsichtlich der Bilanzsumme auswirken.
- Sie können erfolgsneutrale und erfolgswirksame Geschäftsfälle unterscheiden.
- Sie sind mit der Organisation der Buchführung vertraut und können insbesondere die verschiedenen Kontenarten und Bücher erklären sowie die Bedeutung und die Inhalte von Kontenrahmen und Kontenplänen aufzeigen.
- Sie können Buchungssätze bilden und diese auf T-Konten übertragen.
- Sie buchen Geschäftsvorfälle auf Bestands- und Erfolgskonten.
- Sie kennen das Vorgehen zur Eröffnung und zum Abschluss von Konten.

3.1 Änderung der Bilanz durch Geschäftsvorfälle

! Im **System der doppelten Buchführung** haben Geschäftsvorfälle, die in der Buchführung erfasst werden, grundsätzlich Auswirkungen auf mindestens zwei Positionen in der Bilanz. Jeder Geschäftsvorfall verändert mithin die Zusammensetzung von Bilanzposten und damit das Aussehen der Bilanz insgesamt.

Die **Bilanzveränderungen** lassen sich in vier **Grundtypen** einteilen:

- Aktivtausch,
- Passivtausch,
- Aktiv-Passiv-Mehrung und
- Aktiv-Passiv-Minderung.[30]

---

[30] Vgl. hierzu und im Folgenden stellvertretend *Bieg/Waschbusch* (2021), S. 48–52.

Bei einem **Aktivtausch** werden mindestens zwei Positionen der Aktivseite verändert. Die Passivseite der Bilanz ist nicht betroffen. Das Vermögen insgesamt und die Bilanzsumme bleiben gleich. Lediglich die Vermögensstruktur verändert sich.

Beispiel zum Aktivtausch
Ben Frisch zahlt am Ende des Geschäftstages den Kassenbestand in Höhe von 1.000 Euro auf das Bankkonto der „J & B Ice GmbH" ein.

Durch den Geschäftsvorfall ergeben sich Änderungen bei den Bilanzposten „Kasse" und „Bank". Beides sind Vermögenspositionen, die auf der Aktivseite der Bilanz auszuweisen sind. Die Position „Kasse" wird durch den Geschäftsvorfall um 1.000 Euro gemindert. Gleichzeitig wird der Bilanzposten „Bank" um 1.000 Euro erhöht. Das Vermögen der „J & B Ice GmbH" ist insgesamt gleichgeblieben. Es hat ausschließlich eine Veränderung in der Zusammensetzung des Vermögens stattgefunden.

Ein **Passivtausch** bewirkt eine Veränderung bei mindestens zwei Werten auf der Passivseite der Bilanz. Positionen der Aktivseite sind nicht betroffen. Die Bilanzsumme bleibt gleich. Es ändert sich ausschließlich die Struktur bzw. die Zusammensetzung der Passivseite.

Beispiel zum Passivtausch
Jim Frisch stellt der „J & B Ice GmbH" ein weiteres kurzfristiges Darlehen in Höhe von 5.000 Euro zur Verfügung, damit eine Lieferantenverbindlichkeit fristgerecht beglichen werden kann.

Sowohl das Darlehen von Jim Frisch als auch die „Verbindlichkeiten aus Lieferungen und Leistungen" sind Posten der Passivseite der Bilanz. Durch den Geschäftsvorfall werden sie jeweils um 5.000 Euro erhöht bzw. vermindert. Somit hat lediglich eine Veränderung der Kapitalstruktur stattgefunden. Die Bilanzsumme bleibt gleich.

Bei einem Geschäftsvorfall, der eine **Aktiv-Passiv-Mehrung** hervorruft, sind beide Seiten der Bilanz betroffen. Sowohl auf der Aktivseite als auch auf der Passivseite findet eine Erhöhung mindestens einer Position statt. Diese Erhöhung erfolgt insgesamt in gleicher Höhe, sodass sich auch die Bilanzsumme in entsprechender Höhe verändert.

Beispiel zur Aktiv-Passiv-Mehrung
Die „J & B Ice GmbH" kauft einen kleinen mobilen Eistresen für netto 1.500 Euro auf Rechnung (Umsatz- bzw. Vorsteuer bleiben unberücksichtigt).

Der mobile Eistresen stellt Anlagevermögen dar. Er ist auf der Aktivseite der Bilanz unter dem Bilanzposten „Betriebs- und Geschäftsausstattung" mit seinen Anschaffungskosten von 1.500 Euro netto auszuweisen. Da der Kaufpreis nicht sofort bezahlt wird, sondern eine Zahlung auf Rechnung (d. h. Zahlung zu einem späteren Zeitpunkt) vereinbart ist, entstehen „Verbindlichkeiten aus Lieferungen und Leistungen" in gleicher Höhe. Diese sind auf der Passivseite der Bilanz auszuweisen. Die Bilanzsumme erhöht sich folglich ebenfalls um 1.500 Euro.

Die **Aktiv-Passiv-Minderung** folgt der gleichen Systematik wie die Mehrung, allerdings in umgekehrter Richtung. Mindestens eine Position auf der Aktivseite und mindestens eine Position auf der Passivseite werden gemindert. Diese Verminderung muss insgesamt auf der Aktiv- und der Passivseite in gleicher Höhe erfolgen. In diesem Maße verringert sich auch die Bilanzsumme.

Beispiel zur Aktiv-Passiv-Minderung

Die „J & B Ice GmbH" begleicht eine fällige Lieferantenrechnung in Höhe von 400 Euro zu Lasten ihres Bankkontos (Guthabensaldo).

Die Erfüllung der Lieferantenverbindlichkeit bewirkt eine Reduzierung der „Verbindlichkeiten aus Lieferungen und Leistungen" in Höhe von 400 Euro auf der Passivseite der Bilanz. Gleichzeitig wird der Wert des Bankguthabens auf der Aktivseite der Bilanz in dieser Höhe reduziert. Insgesamt kommt es zu einer Verringerung der Bilanzsumme in Höhe von 400 Euro.

Übung

Überlegen Sie sich weitere Geschäftsvorfälle zu den vier Typen von Bilanzveränderungen. Nutzen Sie hierfür auch das Bilanzgliederungsschema des § 266 HGB als Hilfsmittel.

Bei den bisher vorgestellten Beispielen handelt es sich durchgängig um **erfolgsneutrale** Vorgänge. Es sind jeweils ausschließlich Vermögensgegenstände (Aktivposten) und Schulden (Passivposten) verändert worden. Die Systematik lässt sich auch auf **erfolgswirksame** Geschäftsvorfälle anwenden, wenn berücksichtigt wird, dass sämtliche Positionen der Gewinn- und Verlustrechnung, d. h. alle Erträge bzw. Aufwendungen, als Unterpositionen des Eigenkapitals (Passivseite) anzusehen sind.

Beispiel für erfolgswirksame Geschäftsvorfälle
Die „J & B Ice GmbH" muss am Ende des Geschäftsjahres eine Gewerbesteuerrückstellung in Höhe von 6.000 Euro bilden.

Die Zahlung der Gewerbesteuer stellt für die „J & B Ice GmbH" Aufwand dar. Die Schuld gegenüber dem Finanzamt entsteht mit Ablauf des Geschäftsjahres. Allerdings ist zu diesem Zeitpunkt noch nicht sicher, in welcher Höhe die Gewerbesteuerzahlung tatsächlich zu leisten sein wird, da noch kein Steuerbescheid vorliegt. Um den handelsrechtlichen Vorschriften und insbesondere den Grundsätzen ordnungsmäßiger Buchführung gerecht zu werden, ist der Aufwand im alten Geschäftsjahr zu erfassen, da er diesem zuzurechnen ist. Aufgrund der Unsicherheit bezüglich der Höhe ist eine Rückstellung zu bilden. Der Vorgang ist erfolgswirksam: Es entsteht ein Aufwand in Höhe von 6.000 Euro, der das Eigenkapital auf der Passivseite der Bilanz verringert. Gleichzeitig wird die Passivposition „Gewerbesteuerrückstellung" erhöht. Es handelt sich mithin um einen Tausch von Positionen auf der Passivseite.

Diese Systematik lässt sich für alle vorgenannten Bestandsänderungen anwenden, bei denen die Passivseite tangiert wird. Lediglich dem Aktivtausch liegen ausschließlich erfolgsneutrale Vorgänge zugrunde.

3.2 Organisation der Buchführung

3.2.1 Kontenarten

Um die Technik der doppelten Buchführung anwenden zu können, ist es erforderlich, die Positionen der Bilanz und der Gewinn- und Verlustrechnung auf Konten zu überführen. Dies ist notwendig, um die laufenden Geschäftsvorfälle unterjährig geordnet und nachvollziehbar erfassen zu können. Würde dies nicht erfolgen, müsste theoretisch nach jedem Geschäftsvorfall eine neue Bilanz und ggf. Gewinn- und Verlustrechnung erstellt werden.

Die Konten bilden mithin die Inhalte der Bilanz und der Gewinn- und Verlustrechnung ab. Dementsprechend sind verschiedene **Kontenarten** zu unterscheiden:

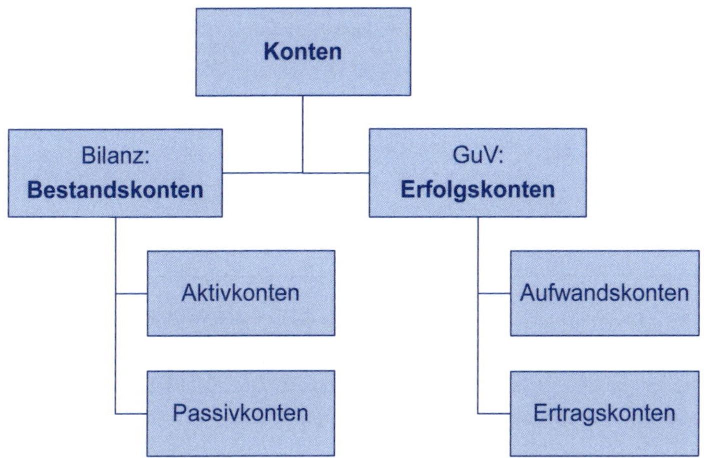

Abbildung 5: Kontenarten

Aus den Posten der Bilanz werden die **Bestandskonten** abgeleitet. Die Positionen der Aktivseite werden auf den **Aktivkonten geführt**, die der Passivseite auf den **Passivkonten.** Beispiele für Aktivkonten sind

- Grundstücke,
- Gebäude,
- Fuhrpark,
- Forderungen aus Lieferungen und Leistungen,
- Kasse,
- Bank.

Beispiele für Passivkonten sind

- Eigenkapital,
- Verbindlichkeiten gegenüber Kreditinstituten,
- Verbindlichkeiten aus Lieferungen und Leistungen,
- Sonstige Rückstellungen,
- Erhaltene Anzahlungen.

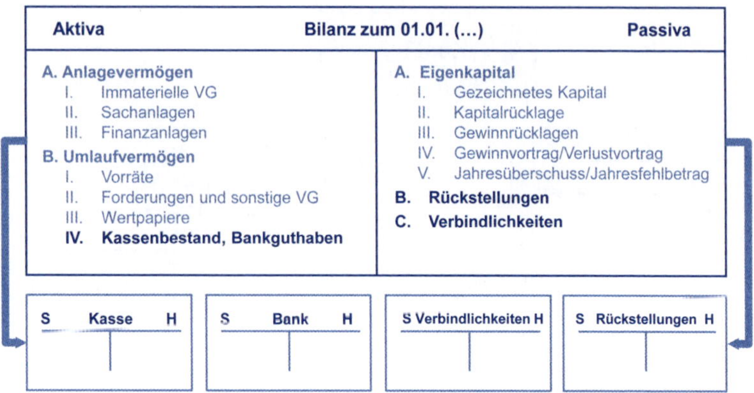

Abbildung 6: Ableitung von T-Konten aus der Bilanz

Die Posten der Gewinn- und Verlustrechnung werden auf **Erfolgskonten** abgebildet. Unterschieden wird in **Aufwandskonten** (Werteverzehre) und **Ertragskonten** (Wertezuwächse). Beispiele für Aufwandskonten sind

- Aufwendungen für Roh-, Hilfs-, und Betriebsstoffe und für bezogene Waren,
- Löhne und Gehälter,
- Mietaufwendungen,
- Kfz-Kosten,
- Betriebliche Steuern,
- Zinsaufwendungen.

Beispiele für Ertragskonten sind

- Umsatzerlöse,
- Miet- und Pachterträge,
- Zinserträge,
- Sonstige Erträge.

3.2.2 Grund- und Hauptbuch

Aus der Bezeichnung „Buchführung" lässt sich bereits die Organisation derselben ableiten. In den sog. „Büchern" erfolgt die geordnete Erfassung der Geschäftsvorfälle anhand von **Belegen**. Dies ist erforderlich, damit der Geschäftsgang jederzeit innerhalb eines angemessenen Zeitrahmens nachprüfbar ist. Jeder Geschäftsvorfall muss in den Büchern auffindbar und nachvollziehbar sein und alle Eintragungen in den Büchern müssen eindeutige Rückschlüsse auf die zugrundeliegenden Geschäftsvorfälle ermöglichen.

Die Erfassung aller Geschäftsvorfälle erfolgt daher zum einen in **zeitlicher** (chronologischer) **Ordnung** im **Grundbuch** (Journal). Hierzu werden **Buchungssätze** gebildet. Zum anderen erfolgt die Übertragung der **Buchungssätze** in **sachlicher Ordnung**, d. h. bezogen auf jede Bilanzposition, auf die Konten im **Hauptbuch** bzw. den Nebenbüchern.[31] Aufgrund ihres Aussehens werden die Konten im Hauptbuch auch als **T-Konten** bezeichnet. Die linke Seite eines T-Kontos wird als **Soll** bezeichnet, die rechte als **Haben**.[32] In der nachfolgenden Übersicht sind die Zusammenhänge schematisch dargestellt.

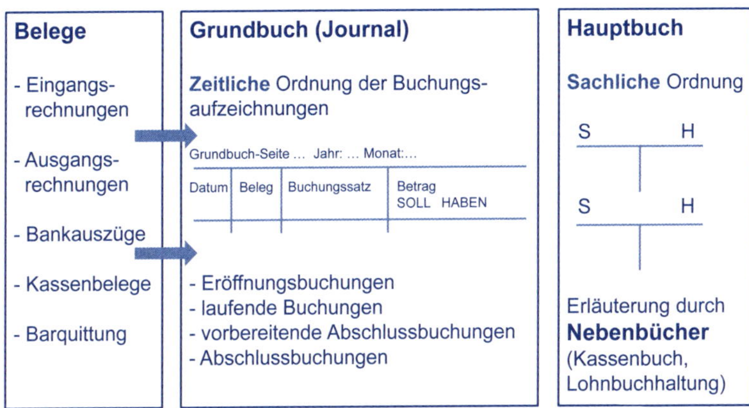

Abbildung 7: Organisation der Finanzbuchhaltung

In der Buchführung gilt der strenge Grundsatz **„Keine Buchung ohne Beleg"**. Jeder Geschäftsvorfall muss sich anhand von Aufzeichnungen (Eigen- oder Fremdbelege) nachverfolgen lassen. Die Belege, z. B. Eingangs- und Ausgangsrechnungen, Bankauszüge, Kassenbelege, müssen das Datum, den Betrag und den Zweck der Buchung enthalten und unterschrieben sein.[33] Sie sind entsprechend der gesetzlichen Vorgaben (§ 257 HGB, § 147 AO) 10 Jahre aufzubewahren.

3.2.3 Kontenrahmen und Kontenplan

Für die Einteilung in Konten bedienen sich Unternehmen Kontenrahmen und Kontenplänen. Ein **Kontenrahmen** ist eine systematische, detailliert und einheitlich gegliederte Übersicht der Konten, die in einem Unternehmen einer bestimmten Branche regelmäßig benötigt werden. Die Kontenrahmen werden i. d. R. von den jeweiligen Branchenverbänden herausgegeben. Einer dieser Kontenrahmen ist der Industriekontenrahmen (IKR) des Bundesverbandes der Deutschen Industrie (BDI).

[31] Vgl. ausführlich z. B. *Coenenberg/Haller/Mattner/Schultze* (2021), S. 123 f.
[32] Zur historischen Begründung dieser Bezeichnungen vgl. *Falterbaum* et al. (2020), S. 111.
[33] Vgl. *Gabele* (2003), S. 71.

Auch für den Groß- und Außenhandel, den Einzelhandel und das Handwerk existieren entsprechende Kontenrahmen. Zu nennen sind überdies die Standardkontenrahmen SKR 03 und SKR04 der DATEV, die überwiegend in Steuerkanzleien genutzt werden.[34]

Der **Kontenplan** ist eine unternehmensindividuelle Übersicht aller tatsächlich im Unternehmen verwendeten Konten. Er wird aus dem branchenbezogenen Kontenrahmen abgeleitet und berücksichtigt die spezifischen Gegebenheiten (Rechtsform, Größe etc.) eines Unternehmens. Im Ergebnis enthält der Kontenplan mithin einerseits nicht alle Positionen des Kontenrahmens, andererseits können auch Ergänzungen und andere Gliederungstiefen berücksichtigt werden.[35]

3.2.4 Exkurs: Digitalisierung der Buchführung

Wie bereits im Zusammenhang mit den Grundsätzen ordnungsmäßiger Buchführung ausgeführt wurde, verändern sich durch die Digitalisierung auch die Arbeitsabläufe in der Finanzbuchhaltung. So erfolgt die Buchführung heute nicht mehr manuell, sondern elektronisch mittels Buchhaltungssoftware. Der Stand der Digitalisierung des Rechnungswesens in den Unternehmen ist allerdings sehr unterschiedlich. An dieser Stelle sollen stichpunktartig einige Entwicklungen aufgezählt werden:

- Einbindung der Finanzbuchhaltung in Warenwirtschafts- bzw. ERP-Systeme,
- Optische Beleglesung (OCR) zur Texterkennung und elektronischen Erfassung papierhafter Dokumente,
- elektronischer Rechnungsverkehr (E-Invoicing), z. B. mittels des Formats ZUGFeRD,
- bereichsübergreifende Digitalisierung vollständiger Prozesse, z. B. Purchase-to-Pay (= Absatzprozess von der Bestellung bis zur Bezahlung) und Order-to-Cash (= Beschaffungsprozess von der Bestellung bis zur Bezahlung),
- Übernahme von Routineaufgaben durch Robotic Process Automation (RPA = robotergesteuerte Prozessautomatisierung), bei der Roboter-Software manuelle, regelbasierte, wiederkehrende Tätigkeiten, wie z. B. das Lesen und Buchen von Rechnungen und Kontoauszügen, die Ablage von Dokumenten und Belegen sowie das Erstellung von Zahlungsvorschlägen und von Mahnungen, übernimmt,
- Einsatz Künstlicher Intelligenz,
- automatisiertes Forderungsmanagement, d. h. Verknüpfung der Buchhaltungssoftware mit Bank- und PayPal-Umsätzen, Abgleich

[34] Vgl. *Coenenberg/Haller/Mattner/Schultze* (2021), S. 125 f.
[35] Vgl. *Deitermann* et al. (2021), S. 83–86.

von Zahlungseingängen und automatisierte Verbuchung, automatisierte Erstellung und Versendung von Mahnungen,
- dezentrale Speicherung von Daten/Belegablage in der Cloud,
- elektronischer Austausch von Daten, z. B. mit Steuerberatern.[36]

3.3 Bilden von Buchungssätzen

Alle Geschäftsvorfälle werden in der Finanzbuchhaltung mithilfe von **Buchungssätzen** abgebildet.

Der **Buchungssatz** dient der Erfassung bzw. **Darstellung eines realen Geschäftsvorfalls in den Büchern**.

Da jeder Geschäftsvorfall Veränderungen in der Bilanz bewirkt, und zwar mindestens bei zwei Bilanzposten, müssen auch mit jedem Buchungssatz mindestens zwei Konten angesprochen werden.

Für die Bildung von Buchungssätzen gilt, dass grundsätzlich **zuerst** die **Sollbuchung** (d. h., das Konto, auf dem im Soll gebucht wird) genannt und **dann** mit dem Wort **„an"** mit der **Habenbuchung** verbunden wird. Überdies sind die jeweiligen Beträge anzugeben. Die Summe der Buchungen im Soll muss der Summe der Buchungen im Haben entsprechen.

Ist jeweils nur ein Konto auf der Sollseite und ein Konto auf der Habenseite betroffen, muss der Betrag nur einmal am Ende des Buchungssatzes genannt werden. Diese Buchungen werden als **einfache Buchungssätze** bezeichnet.[37]

SOLL	an	HABEN	Betrag

Grundsätzlich entstehen im Unternehmen aber auch Geschäftsvorfälle, bei denen mehrere Bilanzpositionen bzw. Konten auf der Sollseite und/oder auf der Habenseite tangiert werden. In diesem Fall werden **zusammengesetzte Buchungssätze** gebildet. Sie bestehen entsprechend aus mindestens drei verschiedenen Angaben zu Konten und Beträgen. Liegt einem Buchungssatz z. B. ein Geschäftsvorfall zugrunde, der zwei Aktiv- und eine Passivposition der Bilanz betrifft, hat dieser Buchungssatz folgendes Aussehen:

<table>
<tr><td>SOLL (1)</td><td>Betrag (1)</td><td rowspan="2">an</td><td rowspan="2">HABEN (1)</td><td rowspan="2">Betrag (1 + 2)</td></tr>
<tr><td>SOLL (2)</td><td>Betrag (2)</td></tr>
</table>

---

[36] Vgl. z. B. *Najderek* (2020); *Schalkowski/Ortiz* (2020), S. 3–9; *Ort/Steinhübel* (2021), S. 4–8.

[37] Vgl. hierzu und im Folgenden stellvertretend *Döring/Buchholz* (2021), S. 24–26.

Bei der Nutzung von elektronischen Buchhaltungsprogrammen werden regelmäßig nicht die aus der Bilanz und der Gewinn- und Verlustrechnung abgeleiteten Kontenbezeichnungen, sondern (unternehmensindividuelle) Kontennummern genutzt.

3.4 Buchen auf Bestandskonten

Wie bereits ausgeführt, werden auf den Bestandskonten die einzelnen **Positionen der Bilanz** – entsprechend den Kontenrahmen und Kontenplänen – abgebildet. Den GoB entsprechend hat die Eröffnungsbilanz des neuen Geschäftsjahres exakt das Aussehen der Schlussbilanz des abgelaufenen Geschäftsjahres, da sich mit dem Wechsel des Geschäftsjahres keine Änderung der Vermögens-, Finanz- und Ertragslage eines Unternehmens ergibt. Daher werden zu Beginn eines neuen Geschäftsjahres zunächst die Bestände, die sich am Schluss des abgelaufenen Geschäftsjahres ergeben haben, auf die einzelnen T-Konten übertragen. Alle Geschäftsvorfälle des laufenden Geschäftsjahres werden im Grundbuch sowie im Hauptbuch erfasst. Am Ende des Geschäftsjahres werden die Konten abgeschlossen und die Bestände entsprechend in die Schlussbilanz übertragen.

Für die Buchung auf Bestandkonten sind – wie auch für alle anderen Arten von Konten - genau definierte **Buchungsregeln** einzuhalten.[38] Für Aktivkonten ist wie folgt zu verfahren:

Buchungsregeln für Aktivkonten

1. Der **Anfangsbestand** (= Schlussbestand des abgelaufenen Geschäftsjahres) ist zunächst auf der SOLL-Seite des Kontos vorzutragen.
2. Jeder **Zugang** (Mehrung) wird ebenfalls auf der SOLL-Seite gebucht.
3. Jeder **Abgang** wird auf der HABEN-Seite gebucht.
4. Der **Schlussbestand** (als Differenz zwischen der SOLL- und der HABEN-Seite) wird auf der HABEN-Seite vermerkt.

Für Passivkonten gilt:

Buchungsregeln für Passivkonten

1. Der **Anfangsbestand** (= Schlussbestand des abgelaufenen Geschäftsjahres) ist zunächst auf der HABEN-Seite des Kontos vorzutragen.
2. Jeder **Zugang** (Mehrung) wird ebenfalls auf der HABEN-Seite gebucht.
3. Jeder **Abgang** wird auf der SOLL-Seite gebucht.
4. Der **Schlussbestand** (als Differenz zwischen der SOLL- und der HABEN-Seite) wird auf der SOLL-Seite vermerkt.

[38] Vgl. vertiefend stellvertretend auch *Zschenderlein* (2020a), S. 45–53.

Die Buchungssystematik für Bestandskonten wird in der nachfolgenden Übersicht dargestellt:

SOLL	**Aktivkonto** HABEN
Anfangsbestand	Abgänge
Zugänge	Schlussbestand

SOLL	**Passivkonto** HABEN
Abgänge	Anfangsbestand
Schlussbestand	Zugänge

Abbildung 8: Buchungsregeln für Bestandskonten

Beispiel zu den Buchungsregeln für Bestandskonten

SOLL		**Kasse**	HABEN
AB	5.000 €	Abgänge	4.000 €
Zugänge	2.000 €	SB	3.000 €
	7.000 €		7.000 €

SOLL		**Verbindlichkeiten L+L**	HABEN
Abgänge	4.000 €	AB	10.000 €
SB	11.000 €	Zugänge	5.000 €
	15.000 €		15.000 €

Um entsprechend der o. g. Buchungsregeln **Buchungssätze** für Bestandsbuchungen zu bilden, lässt sich folgendes Schema als Hilfestellung anwenden:[39]

Vorgehen bei der Bildung von Buchungssätzen für Bestandskonten

1. Welche Konten (Posten der Bilanz) sind durch den Geschäftsvorfall betroffen?
2. Handelt es sich jeweils um ein Aktivkonto oder um ein Passivkonto?
3. Führt der Geschäftsvorfall jeweils zu einem Zugang (Mehrung) oder Abgang (Minderung)?
4. Bei welchem Konto ist im Soll zu buchen, bei welchem im Haben?

Dieses Schema für die Bildung eines einfachen Buchungssatzes lässt sich entsprechend auch für zusammengesetzte Buchungssätze erweitern.

[39] Vgl. *Deitermann* et al. (2021), S. 28.

Beispiel zur Bildung von einfachen Buchungssätzen für Bestandskonten

Am Ende des 15.03.01 zahlt Ben Frisch die Tageseinnahmen in Höhe von 500 Euro auf das Bankkonto der „J & B Ice GmbH" ein.

1. Welche Konten (Posten der Bilanz) sind durch den Geschäftsvorfall betroffen?
   Es sind die Konten „Kasse" und „Bank" betroffen.
2. Handelt es sich jeweils um ein Aktivkonto oder um ein Passivkonto?
   Es handelt sich bei beiden Konten um Aktivkonten.
3. Führt der Geschäftsvorfall jeweils zu einem Zugang (Mehrung) oder Abgang (Minderung)?
   Beim Konto „Kasse" liegt ein Abgang vor; beim Konto „Bank" ein Zugang.
4. Bei welchem Konto ist im Soll zu buchen, bei welchem im Haben?
   Das Konto „Bank" steht im Soll, da Zugänge bei Aktivkonten stets auf der Soll-Seite des Kontos zu erfassen sind. Das Konto „Kasse" steht im Haben, da Abgänge bei Aktivkonten stets auf der Haben-Seite des Kontos zu erfassen sind.

Der Buchungssatz lautet:

Bank	an	Kasse	500,00 Euro

Im Anschluss erfolgt der Übertrag des Buchungssatzes auf die beiden Konten im Hauptbuch:

SOLL	**Bank**	HABEN
AB ... €		
15.03.01 Kasse 500 €	...	

SOLL	**Kasse**	HABEN
AB ... €		**15.03.01 Bank 500 €**
		...

Zur Wiederholung: Dieser erfolgsneutrale Geschäftsvorfall löst einen **Aktivtausch** in der Bilanz aus.

Beispiel zur Bildung von zusammengesetzten Buchungssätzen für Bestandskonten

Am 16.03.01 zahlt ein Kunde der „J & B Ice GmbH" eine offene Rechnung. Dabei begleicht er 200 Euro in bar und 200 Euro per Überweisung auf das Bankkonto der GmbH.

1. Welche Konten (Posten der Bilanz) sind durch den Geschäftsvorfall betroffen?
   Es sind die Konten „Forderungen L+L", „Kasse" und „Bank" betroffen.
2. Handelt es sich jeweils um ein Aktivkonto oder um ein Passivkonto?
   Es handelt sich bei allen drei Konten um Aktivkonten.

3. Führt der Geschäftsvorfall jeweils zu einem Zugang (Mehrung) oder Abgang (Minderung)?
   Beim Konto „Forderungen L+L" liegt eine Minderung in Höhe von 400 Euro vor. Bei dem Konto „Kasse" entsteht ein Zugang in Höhe von 200 Euro, ebenso beim Konto „Bank".
4. Bei welchem Konto ist im Soll zu buchen, bei welchem im Haben?
   Die Konten „Kasse" und „Bank" stehen im Soll, da Zugänge bei Aktivkonten stets auf der Soll-Seite zu erfassen sind. Das Konto „Forderungen L+L" steht im Haben, da Abgänge bei Aktivkonten stets auf der Haben-Seite zu erfassen sind.

Der Buchungssatz lautet:

Kasse	200,00 Euro	an	Forderungen L+L	400,00 Euro
Bank	200,00 Euro			

Im Anschluss erfolgt der Übertrag des Buchungssatzes auf die drei Konten im Hauptbuch:

SOLL	**Bank**		HABEN
AB	... €	SB	... €
16.03.01 Ford. L+L	**200 €**		

SOLL	**Kasse**		HABEN
AB	... €	SB	... €
16.03.01 Ford. L+L	**200 €**		

SOLL	**Forderungen L+L**		HABEN
AB	... €	**16.03.01 Kasse/Bank**	**400 €**
		SB	... €

Angemerkt sei, dass zusammengesetzte Buchungssätze grundsätzlich auch in mehreren einfachen Buchungssätzen dargestellt werden können. Für das o. g. Beispiel ergäbe dies folgendes Bild:

Kasse	an	Forderungen L+L	200,00 Euro

Bank	an	Forderungen L+L	200,00 Euro

Zur Wiederholung: Dieser erfolgsneutrale Geschäftsvorfall löst einen **Aktivtausch** in der Bilanz aus.

3.5 Buchen auf Erfolgskonten

Die Erfolgskonten spiegeln die entsprechend dem Kontenplan aufgegliederten Positionen der Gewinn- und Verlustrechnung wider. Auch für die Buchung auf Aufwands- und Ertragskonten bestehen verbindliche **Buchungsregeln**. Da es bei Erfolgskonten zu Beginn eines neuen Geschäftsjahres jedoch keine Bestände gibt, sondern jedes Geschäftsjahr „erfolgsmäßig bei null" beginnt (= Jahresergebnisrechnung), werden zu Beginn der laufenden Buchungsperiode keine Anfangsbestände auf die Konten übertragen. Am Ende des Geschäftsjahres erfolgt der Abschluss aller Aufwands- und Ertragskonten, die Ermittlung des Jahresergebnisses als Differenz zwischen allen Aufwendungen und Erträgen und der Übertrag des Saldos auf das Eigenkapital. Das Vorgehen zur Eröffnung und zum Abschluss der Konten wird im nächsten Abschnitt detailliert dargestellt. Im Folgenden werden zunächst die Buchungsregeln für die Erfolgskonten vorgestellt.

Erträge erhöhen das Jahresergebnis, Aufwendungen verringern es. Erfolgskonten stellen Unterkonten des Eigenkapitals dar. Daher lassen sich für sie die Buchungsregeln für Passivkonten heranziehen.

Buchungsregeln für Erfolgskonten

1. Erfolgskonten haben **keinen Anfangsbestand**.
2. Die Erfassung von **Aufwendungen** erfolgt auf der SOLL-Seite der Aufwandskonten.
3. **Erträge** werden auf der HABEN-Seite der Ertragskonten gebucht.
4. Jedes Erfolgskonto wird am Geschäftsjahresende abgeschlossen und der entsprechenden Buchungssystematik folgend auf das Eigenkapital übertragen.

Die Buchungssystematik für Erfolgskonten wird in der nachfolgenden Übersicht dargestellt:

SOLL	**Ertragskonto** HABEN
	Erträge
GuV-Konto	

SOLL **Aufwandskonto**	HABEN
Aufwendungen	
	GuV-Konto

Abbildung 9: Buchungsregeln für Erfolgskonten

Bei der Verbuchung erfolgswirksamer Vorgänge werden mindestens ein Erfolgskonto und ein Bestandskonto angesprochen.

Aus diesem Grund lässt sich bei der Bildung von **Buchungssätzen** für erfolgswirksame Geschäftsvorfälle die bei den Bestandskonten vorgestellte Hilfestellung (entsprechend ergänzt) anwenden:

Vorgehen bei der Bildung von (einfachen) Buchungssätzen mit Erfolgskonten

1. Welche Konten (Posten der Bilanz und der GuV-Rechnung) sind durch den Geschäftsvorfall betroffen?
2. Handelt es sich jeweils um ein Bestandskonto oder um ein Erfolgskonto?
3. Bei Erfolgskonten: Stellt der Sachverhalt Aufwand oder Ertrag dar?
4. Bei Bestandskonten: Ist ein Aktivkonto oder ein Passivkonto betroffen? Führt der Geschäftsvorfall jeweils zu einem Zugang (Mehrung) oder Abgang (Minderung)?
5. Bei welchem Konto ist im Soll zu buchen, bei welchem im Haben?

Das dargestellte Vorgehen zur Bildung von Buchungssätzen mit Erfolgskonten lässt sich analog auch für die Bildung von zusammengesetzten Buchungssätzen (= mindestens zwei Konten auf der SOLL- oder/und HABEN-Seite) anwenden.

Beispiel zur Bildung von einfachen Buchungssätzen mit Erfolgskonten

Am 02.01.01 wird vom Geschäftskonto der „J & B Ice GmbH" die Kfz-Versicherung in Höhe von 800 Euro abgebucht.

1. Welche Konten (Posten der Bilanz und der GuV-Rechnung) sind durch den Geschäftsvorfall betroffen?
   Es sind die Konten „Kfz-Versicherungen" und „Bank" betroffen.
2. Handelt es sich jeweils um ein Bestandskonto oder um ein Erfolgskonto?
   Bei dem Konto „Kfz-Versicherungen" handelt es sich um ein Erfolgskonto, bei dem Konto „Bank" um ein Bestandskonto.
3. Bei Erfolgskonten: Stellt der Sachverhalt Aufwand oder Ertrag dar?
   Die Belastung mit Kfz-Versicherung stellt Aufwand dar.
4. Bei Bestandskonten: Ist ein Aktivkonto oder ein Passivkonto betroffen? Führt der Geschäftsvorfall zu einem Zugang (Mehrung) oder Abgang (Minderung)?
   Das Konto „Bank" ist ein Aktivkonto. Es liegt ein Abgang vor.
5. Bei welchem Konto ist im Soll zu buchen, bei welchem im Haben?
   Das Konto „Kfz-Versicherungen" steht im Soll, da Aufwendungen stets auf der Soll-Seite eines Erfolgskontos zu erfassen sind. Das Konto „Bank" steht im Haben, da Abgänge bei Aktivkonten stets auf der Haben-Seite des Kontos zu erfassen sind.

Der Buchungssatz lautet:

Kfz-Versicherungen	an	Bank	800 Euro

Im Anschluss erfolgt der Übertrag des Buchungssatzes auf die beiden Konten im Hauptbuch:

SOLL	**Kfz-Versicherungen**	HABEN
02.01.01 Bank 800 €		

SOLL	**Bank**	HABEN
AB ... €		**02.01.01 Kfz-Versicherungen 800 €**

3.6 Eröffnung und Abschluss der Konten

Wie bereits ausgeführt wurde, stellen die Konten der Buchführung die Inhalte der Bilanz (= Bestandskonten) und der Gewinn- und Verlustrechnung (= Erfolgskonten) dar. Da bei den Konten der Bilanz die Bestände an Vermögen, Eigenkapital und Schulden zum Geschäftsjahresschluss selbstverständlich unverändert im neuen Geschäftsjahr fortgeführt werden, ist es erforderlich, diese zu Beginn der neuen Rechnungslegungsperiode als Anfangsbestand auf die jeweiligen Bestandskonten vorzutragen. Dies erfolgt jeweils im System der doppelten Buchführung mittels der Erfassung eines Buchungssatzes im Grundbuch sowie der Übertragung auf das entsprechende Bestandskonto im Hauptbuch.

Der **Anfangsbestand** entspricht dem Schlussbestand der letzten Rechnungsperiode. Seine Aufgabe ist es, die zum Ende des abgelaufenen Geschäftsjahres festgestellten Bestände im neuen Geschäftsjahr fortzuführen.

Für die buchungstechnische Umsetzung der Eröffnung der Konten ist ein Buchungssatz mit einem Konto für die Soll- und einem Konto für die Haben-Seite zu bilden. Dafür wird ein Hilfskonto – das **Eröffnungsbilanzkonto** (EBK) – verwendet. Es dient ausschließlich dem Zweck, die Anfangsbestände aus der Bilanz bei den jeweiligen Bestandskonten zu vermerken.

Buchungsregeln für das Eröffnungsbilanzkonto
1. Alle Aktivkonten an Eröffnungsbilanzkonto
2. Eröffnungsbilanzkonto an alle Passivkonten

Beispiel zum Eröffnungsbilanzkonto

Abgeleitet aus der Eröffnungsbilanz ergeben sich für die „J & B Ice GmbH" zum 01.01.01 die folgenden Eröffnungsbuchungen sowie das folgende Eröffnungsbilanzkonto:

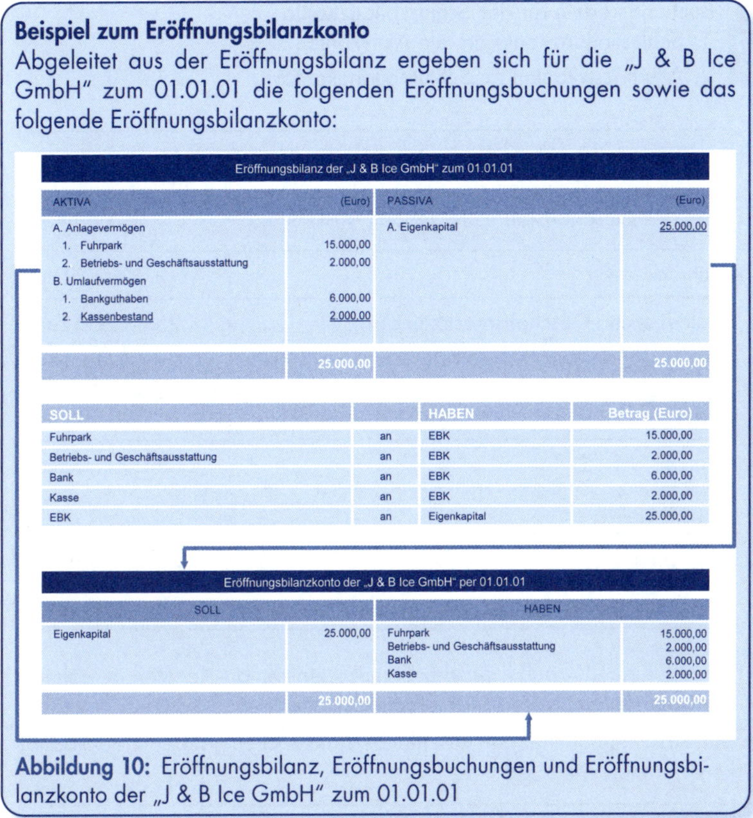

Eröffnungsbilanz der „J & B Ice GmbH" zum 01.01.01

AKTIVA	(Euro)	PASSIVA	(Euro)
A. Anlagevermögen		A. Eigenkapital	25.000,00
1. Fuhrpark	15.000,00		
2. Betriebs- und Geschäftsausstattung	2.000,00		
B. Umlaufvermögen			
1. Bankguthaben	6.000,00		
2. Kassenbestand	2.000,00		
	25.000,00		25.000,00

SOLL		HABEN	Betrag (Euro)
Fuhrpark	an	EBK	15.000,00
Betriebs- und Geschäftsausstattung	an	EBK	2.000,00
Bank	an	EBK	6.000,00
Kasse	an	EBK	2.000,00
EBK	an	Eigenkapital	25.000,00

Eröffnungsbilanzkonto der „J & B Ice GmbH" per 01.01.01

SOLL		HABEN	
Eigenkapital	25.000,00	Fuhrpark	15.000,00
		Betriebs- und Geschäftsausstattung	2.000,00
		Bank	6.000,00
		Kasse	2.000,00
	25.000,00		25.000,00

Abbildung 10: Eröffnungsbilanz, Eröffnungsbuchungen und Eröffnungsbilanzkonto der „J & B Ice GmbH" zum 01.01.01

Aufgrund der Buchungssystematik hat das Eröffnungsbilanzkonto das spiegelbildliche Aussehen zur Eröffnungsbilanz.

Dem Vorgehen bei der Eröffnung der Konten folgend, werden nach der Erfassung sämtlicher Buchungsvorgänge des laufenden Geschäftsjahres auf den Bestands- und Erfolgskonten am Ende der Rechnungsperiode die Schlussbestände aller Konten ermittelt. Die Schlussbestände der Bestandskonten entsprechen den Positionen in der Schlussbilanz.

Der **Schlussbestand** (Saldo) ist jeweils der Differenzbetrag zwischen der betragsmäßig größeren und der betragsmäßig kleineren Seite des T-Kontos, sodass die Summe der Sollseite der Summe der Habenseite entspricht. Die Schlussbestände der Aktivkonten ergeben sich auf deren Habenseite und die der Passivkonten auf deren Sollseite.

Die buchungstechnische Umsetzung erfolgt wiederum unter Verwendung eines Hilfskontos – dem **Schlussbilanzkonto** (SBK). Folgende **Buchungsregeln** lassen sich für das Schlussbilanzkonto ableiten:

Buchungsregeln für das Schlussbilanzkonto
1. Schlussbilanzkonto an alle Aktivkonten
2. Alle Passivkonten an Schlussbilanzkonto

Beispiel zum Abschluss der Bestandskonten über das Schlussbilanzkonto
Annahmegemäß haben die Bestandskonten der „J & B" Ice GmbH am Ende des Geschäftsjahres folgendes Aussehen:

Fuhrpark	12.000,00 Euro
Betriebs- und Geschäftsausstattung	25.500,00 Euro
Forderungen L+L	6.000,00 Euro
Bank	10.000,00 Euro
Kasse	4.000,00 Euro
Eigenkapital	?
Darlehen	22.000,00 Euro
Verbindlichkeiten L+L	8.500,00 Euro

Für alle Konten – außer für das Eigenkapitalkonto – konnten im Rahmen der Inventur Schlussbestände ermittelt werden.

Die Abschlussbuchungen für die Bestandskonten (außer Eigenkapitalkonto) lauten wie folgt:

SBK	an	Fuhrpark	12.000 Euro
SBK	an	BGA	25.500 Euro
SBK	an	Forderungen L+L	6.000 Euro
SBK	an	Bank	10.000 Euro
SBK	an	Kasse	4.000 Euro
Darlehen	an	SBK	22.000 Euro
Verbindlichkeiten L+L	an	SBK	8.500 Euro

Für den **Abschluss des Eigenkapitalkontos** gilt Folgendes: Da alle Erfolgskonten Unterkonten des Eigenkapitals sind, müssen zunächst diese abgeschlossen werden, bevor der Schlussbestand des Eigenkapitalkontos ermittelt werden kann. Aufgrund der Vielzahl der daraus resultierenden Buchungen erfolgt dieser Vorgang jedoch nicht direkt über das Eigenkapitalkonto, sondern über ein weiteres Hilfskonto: das **GuV-Konto**.

Das **GuV-Konto** ist ein Hilfskonto zum Abschluss der Erfolgskonten und zur Ermittlung des Jahreserfolgs.

Da bei Aufwandskonten regelmäßig ausschließlich im Soll gebucht wird, entsteht die Gegenbuchung zum Abschluss von Aufwandskonten jeweils im Haben. Bei den Ertragskonten ist die Gegenbuchung im Soll vorzunehmen, da die laufenden Buchungen i. d. R. im Haben erfolgt sind. Daher gelten für das GuV-Konto folgende **Buchungsregeln**:

Buchungsregeln für das GuV-Konto

1. GuV-Konto an alle Aufwandskonten
2. Alle Ertragskonten an GuV-Konto
3. GuV-Konto an Eigenkapital (positives Jahresergebnis)
4. Eigenkapital an GuV-Konto (negatives Jahresergebnis)

Beispiel zum Abschluss der Erfolgskonten über das GuV-Konto

Vereinfachend werden beispielhaft lediglich die Aufwendungen für Abschreibungen in Höhe von 7.000 Euro sowie die Umsatzerlöse in Höhe von 9.000 Euro der „J & B Ice GmbH" betrachtet.

Für den Abschluss des Aufwandskontos „Abschreibungen" lautet der Buchungssatz:

GuV-Konto	an	Abschreibungen	7.000,00 Euro

Für den Abschluss des Ertragskontos „Umsatzerlöse" lautet der Buchungssatz:

Umsatzerlöse	an	GuV-Konto	9.000,00 Euro

Die Differenz zwischen den Beträgen auf der Sollseite und der Habenseite des GuV-Kontos ergibt das Jahresergebnis. Im betrachteten Beispiel übersteigen die Erträge die Aufwendungen um 2.000 Euro. Dies entspricht dem Jahresüberschuss. Durch den Buchungssatz

GuV-Konto	an	Eigenkapital	2.000,00 Euro

erfolgt der Ausgleich des GuV-Kontos zugunsten des Eigenkapitalkontos. Die Buchungen im Grundbuch werden anschließend auf die T-Konten im Hauptbuch übertragen:

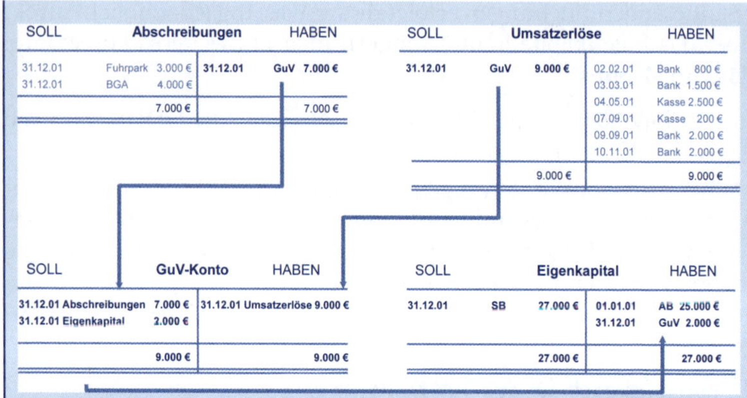

Abbildung 11: Abschluss der Erfolgskonten der „J & B Ice GmbH" zum 31.12.01

Zum Schluss wird das Eigenkapitalkonto abgeschlossen. Dies erfolgt mit dem Buchungssatz:

Eigenkapital	an	SBK	27.000,00 Euro

Das Schlussbilanzkonto sowie die Schlussbilanz der „J & B Ice GmbH" haben folgendes Aussehen:

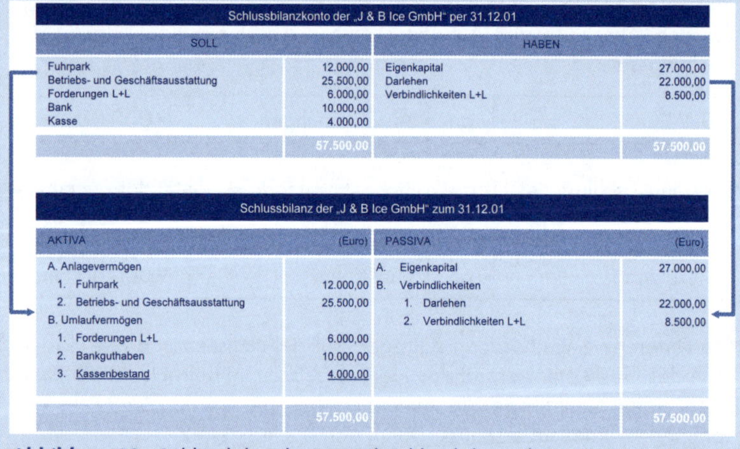

Schlussbilanzkonto der „J & B Ice GmbH" per 31.12.01

SOLL		HABEN	
Fuhrpark	12.000,00	Eigenkapital	27.000,00
Betriebs- und Geschäftsausstattung	25.500,00	Darlehen	22.000,00
Forderungen L+L	6.000,00	Verbindlichkeiten L+L	8.500,00
Bank	10.000,00		
Kasse	4.000,00		
	57.500,00		57.500,00

Schlussbilanz der „J & B Ice GmbH" zum 31.12.01

AKTIVA	(Euro)	PASSIVA	(Euro)
A. Anlagevermögen		A. Eigenkapital	27.000,00
1. Fuhrpark	12.000,00	B. Verbindlichkeiten	
2. Betriebs- und Geschäftsausstattung	25.500,00	1. Darlehen	22.000,00
B. Umlaufvermögen		2. Verbindlichkeiten L+L	8.500,00
1. Forderungen L+L	6.000,00		
2. Bankguthaben	10.000,00		
3. Kassenbestand	4.000,00		
	57.500,00		57.500,00

Abbildung 12: Schlussbilanzkonto und Schlussbilanz der „J & B Ice GmbH" zum 31.12.01

! Das Aussehen des Schlussbilanzkontos entspricht dem der Schlussbilanz.

Der dargestellte Weg der Erfolgsermittlung mittels der Gegenüberstellung von Erträgen und Aufwendungen führt zum selben Ergebnis wie die Ermittlung des Jahresergebnisses durch Eigenkapitalvergleich. Dies ist die logische Folge dessen, dass die Erfolgskonten Unterkonten des Eigenkapitals sind.

3.7 Zusammenfassung und Überblick über die Buchungssystematik

1. Jeder Geschäftsvorfall hat grundsätzlich Auswirkungen auf mindestens zwei Positionen im Jahresabschluss.
2. Generell lassen sich vier Grundtypen von Bilanzveränderungen unterscheiden: Aktivtausch, Passivtausch, Aktiv-Passiv-Mehrung und Aktiv-Passiv-Minderung.
3. Geschäftsvorfälle können erfolgsneutral (Bestandsbuchungen) oder erfolgswirksam (Erfolgsbuchungen) sein.
4. Dementsprechend wird zwischen Bestandskonten (Aktiv- und Passivkonten, die die Bestände der Bilanz abbilden), und Erfolgskonten (Aufwands- und Ertragskonten, die die Positionen der Gewinn- und Verlustrechnung darstellen) unterschieden.
5. Für die buchmäßige Erfassung von Geschäftsvorfällen werden Buchungssätze gebildet. Diese dienen der zeitlichen Erfassung der Geschäftsvorfälle im Grundbuch. Die sachliche Ordnung wird durch die Übertragung der Buchungssätze auf die T-Konten des Hauptbuchs umgesetzt.
6. Die Ordnung der Konten geben Kontenrahmen und Kontenplan vor.
7. Der Aufbau von Buchungssätzen folgt jeweils der Logik „Soll an Haben".
8. Für die Buchung auf Aktivkonten gilt, dass der Anfangsbestand und jeder Zugang auf der Sollseite, jeder Abgang und der Schlussbestand auf der Habenseite zu erfassen sind. Bei Passivkonten sind der Anfangsbestand und die Zugänge im Haben, die Abgänge und der Schlussbestand im Soll zu buchen.
9. Erfolgskonten haben keine Anfangsbestände. Aufwendungen werden auf der Sollseite der Aufwandskonten, Erträge auf der Habenseite der Ertragskonten gebucht. Jedes Erfolgskonto wird am Ende des Geschäftsjahres über das GuV-Konto abgeschlossen. Der auf dem GuV-Konto ermittelte Saldo wird mit dem Eigenkapital verrechnet.

10. Der Vortrag der Schlussbestände der Bestandskonten erfolgt durch Eröffnungsbuchungen unter Zuhilfenahme des Eröffnungsbilanzkontos mittels der Buchungssätze: „ Alle Aktivkonten an EBK // EBK an alle Passivkonten". Das Eröffnungsbilanzkonto hat das spiegelbildliche Aussehen der Eröffnungsbilanz.
11. Am Ende des Geschäftsjahres erfolgt die Ermittlung des Schlussbestands für jedes Bestandskonto. Der Schlussbestand ergibt sich für Aktivkonten auf der Habenseite, für Passivkonten auf der Sollseite. Die Buchungssätze für den Abschluss der Bestandskonten lauten: „ SBK an alle Aktivkonten // alle Passivkonten an SBK". Das Aussehen des Schlussbilanzkontos entspricht dem der Schlussbilanz.
12. Alle Ertrags- und Aufwandskonten werden über das GuV-Konto abgeschlossen. Dabei gilt die Systematik „GuV- Konto an alle Aufwandskonten // alle Ertragskonten an GuV-Konto".
13. Ergibt sich insgesamt ein Überschuss der Erträge über die Aufwendungen, wurde ein positives Jahresergebnis erzielt. Dieses ist durch den Buchungssatz „GuV-Konto an Eigenkapital" zu erfassen. Übersteigen die Aufwendungen die Erträge, liegt ein negatives Jahresergebnis vor. Dieses ist mit dem Buchungssatz „Eigenkapital an GuV-Konto" in die Bilanz zu übertragen.

Abschließend wird der Weg „von Bilanz zu Bilanz" noch einmal zusammenfassend dargestellt.[40]

Grundsätzlich sind die buchungstechnischen Arbeiten eines Geschäftsjahres wie folgt vorzunehmen:
1. Übernahme der Eröffnungsbilanz aus der Schlussbilanz des abgelaufenen Geschäftsjahres (Bilanzidentität)
2. Vortrag der Anfangsbestände auf die Bestandskonten über das Eröffnungsbilanzkonto (EBK)
3. Buchung der laufenden Geschäftsvorfälle
4. Vornahme der vorbereitenden Abschlussbuchungen (z. B. Abschreibungen)
5. Durchführung der Abschlussbuchungen:
   - Ermitteln der Schlussbestände/Salden der Bestands- und Erfolgskonten (und mit dem Wert der Inventur abstimmen, ggf. korrigieren)
   - Abschluss der Erfolgskonten über das GuV-Konto
   - Abschluss des GuV-Kontos über das Eigenkapitalkonto
   - Abschluss der Bestandskonten über das Schlussbilanzkonto (SBK)

[40] Vgl. ähnlich *Coenenberg/Haller/Mattner/Schultze* (2021), S. 117.

6. Erstellen der Schlussbilanz und der GuV-Rechnung

Die nachfolgende Abbildung verdeutlicht die Schritte schematisch:

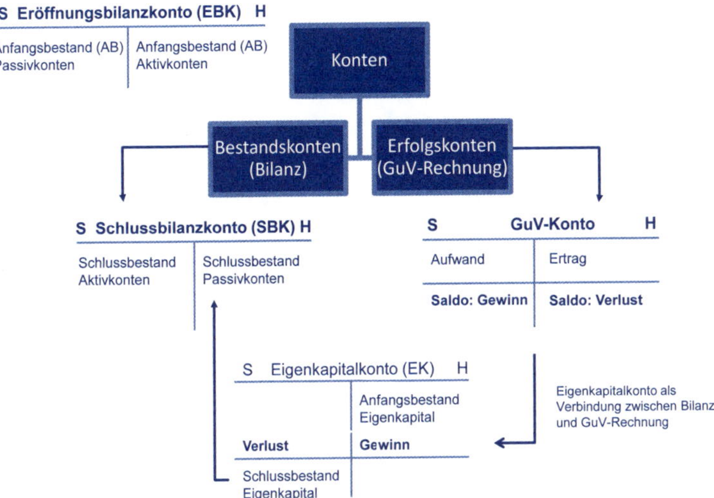

Abbildung 13: Zusammenfassende Darstellung der Buchungstechnik

4 Ausgewählte Buchungssachverhalte

Lernziele

- Sie kennen das Wesen und die Systematik des Umsatzsteuersystems.
- Sie sind mit dem Prinzip des Vorsteuerabzugs vertraut.
- Sie können umsatzsteuerrelevante Geschäftsvorfälle verbuchen und die Konten „Vorsteuer“ und „Umsatzsteuer“ abschließen.
- Sie können Buchungen im Anlagevermögen, insbesondere den Zugang und Abgang von Vermögensgegenständen sowie die Abschreibungen auf Anlagegüter, vornehmen.
- Sie können die Vorgänge beim Wareneinkauf und -verkauf sowie Wertminderungen im Umlaufvermögen (außerplanmäßige Abschreibungen, Einzel- und Pauschalwertberichtigungen) buchungstechnisch korrekt erfassen.
- Sie kennen die Notwendigkeit und die Buchung der Rechnungsabgrenzung.

4.1 Umsatzsteuer

Beispiel für Geschäftsvorfälle, die Umsatz- und Vorsteuerbuchungen auslösen
Neben ihren Eisprodukten bietet die „J & B Ice GmbH“ auch Kaffeespezialitäten an. Hierzu haben Jan und Ben Frisch bei einem Großhändler vor Ort eine hochwertige italienische Kaffeemaschine angeschafft. Jeden Morgen kauft sich Kathrin Schröder auf dem Weg in ihr Büro dort einen Coffee-to-go. Sowohl die Anschaffung der Maschine als auch der Verkauf von Kaffee lösen bei der „J & B Ice“ GmbH Buchungen im Bereich der Umsatzsteuer aus.[41]

[41] Vgl. zu der Umsatzsteuer ausführlich z. B. *Schneeloch* et al. (2017), S. 61–107.

Das System der Umsatzbesteuerung in Deutschland reicht mehr als 100 Jahre zurück. Heutzutage ist die Umsatzsteuer eine der wichtigsten Einnahmequellen des Staates. Ihr Anteil am Steuergesamtaufkommen beträgt ca. 30 %.[42]

Die Umsatzsteuer ist eine sog. Verkehrsteuer. Sie knüpft an rechtliche und wirtschaftliche Vorgänge an. Nach § 1 Abs. 1 Nr. 1 UStG unterliegen die Umsätze aus Lieferungen und sonstigen Leistungen, die ein Unternehmer im Inland gegen Entgelt im Rahmen seines Unternehmens ausführt, der Umsatzsteuer.

Die Umsatzsteuer ist eine indirekte Steuer. Das bedeutet, dass der Steuerschuldner nicht der Steuerträger ist: Die Steuererhebung erfolgt beim Unternehmer. Dieser ist verpflichtet, die Umsatzsteuer an den Fiskus abzuführen. Die Belastung mit Umsatzsteuer für den Konsum von Gütern und Dienstleistungen trägt jedoch der Endverbraucher. Die Umsatzsteuer gehört daher zu den Verbrauchsteuern.

Die Umsatzsteuer wird auf jeder Ebene im Produktions- bzw. Dienstleistungsprozess erhoben. Dabei soll jedoch stets nur der Mehrwert, der auf einer Ebene, beispielsweise bei der Erzeugung, der Weiterverarbeitung, im Großhandel, im Einzelhandel und schlussendlich beim Endverbraucher, entsteht, besteuert werden. Aus diesem Grund wird die Umsatzsteuer auch als „Mehrwertsteuer" bezeichnet.

Um die ausschließliche Besteuerung des Mehrwerts umzusetzen, erfolgt der sog. **Vorsteuerabzug**. Das bedeutet, dass ein Unternehmen berechtigt ist, die ihm von anderen Unternehmen in Rechnung gestellte Umsatzsteuer als Vorsteuer geltend zu machen, also von der eigenen Umsatzsteuerschuld in Abzug zu bringen. So wird gewährleistet, dass bis zu einem Umsatz an einen Endverbraucher keine tatsächliche Steuerbelastung erfolgt (§ 15 UStG). Voraussetzung für den Vorsteuerabzug ist, dass eine ordnungsgemäße Rechnung i. S. d. §§ 14, 14a UStG vorliegt.

Aufgrund der beschriebenen Ausgestaltung wird die Umsatzsteuer auch als **Allphasen-Nettoumsatzsteuer mit Vorsteuerabzug** bezeichnet.

> ! Die Umsatzsteuer stellt eine Verbindlichkeit gegenüber dem Finanzamt, die Vorsteuer eine Forderung gegenüber dem Finanzamt dar. Es handelt sich um erfolgsneutrale Vorgänge. Die buchmäßige Erfassung erfolgt über separate Konten:
>
> - das Aktivkonto „Vorsteuer" im Zusammenhang mit allen Eingangsrechnungen und
> - das Passivkonto „Umsatzsteuer" im Zusammenhang mit allen Ausgangsrechnungen.

[42] Vgl. *BMF* (2019), S. 25.

Es sind die entsprechenden Buchungsregeln für Bestandskonten anzuwenden.

Die **Bemessungsgrundlage** für die Umsatzsteuer ist das Nettoentgelt (§ 10 UStG).

Der **Regelsteuersatz** beträgt 19 % der Bemessungsgrundlage (§ 12 Abs. 1 UStG). Für bestimmte Umsätze, z. B. Lebensmittel, Holz, Bücher, Hotelübernachtungen, gilt der **ermäßigte Steuersatz** von 7 %. (§ 12 Abs. 2 UStG, Anlage 2 zum UStG).

Tätigt ein Unternehmen sowohl Umsätze mit dem Regel- als auch mit dem ermäßigten Steuersatz, sind die Vor- und Umsatzsteuerbuchungen mit 7 % bzw. 19 % jeweils auf getrennten Konten zu erfassen.

Überdies gibt es verschiedene Umsätze, die ausdrücklich von der Umsatzsteuer befreit sind, z. B. bestimmte Leistungen von Kreditinstituten, Umsätze, die unter das Grunderwerbsteuergesetz fallen, Arzt- und Krankenhausbehandlungen (§ 4 UStG).

Beispiel zur Buchung laufender Geschäftsvorfälle mit Umsatz- und Vorsteuer

Der Erwerb der Kaffeemaschine ist ein umsatzsteuerpflichtiger Vorgang, der dem Regelsteuersatz von 19 % unterliegt. Die Bemessungsgrundlage ist der Nettowarenwert. Dieser beträgt 3.000 Euro. Da der Erwerb von einem Unternehmer im Inland für die „J & B Ice GmbH" erfolgt und auch eine ordnungsgemäß ausgestellte Rechnung vorliegt, kann die der „J & B Ice GmbH" in Rechnung gestellte Umsatzsteuer in Höhe von (3.000 Euro · 19 % =) 570 Euro als Vorsteuer abgezogen werden.

Die Kaffeemaschine ist nicht zur Weiterveräußerung, sondern zum Einsatz im Unternehmen gedacht. Sie stellt gemäß § 247 Abs. 2 HGB Anlagevermögen dar und ist als Betriebs- und Geschäftsausstattung auszuweisen. Der Erwerb erfolgte auf Ziel.

Der Buchungssatz unter Berücksichtigung der Umsatzbesteuerung lautet:

BGA	3.000,00 Euro	an	Verbindlichkeiten L+L	3.570,00 Euro
Vorsteuer (19 %)	570,00 Euro			

Der Verkauf des Kaffees (Latte macchiato mit viel Milch) stellt ebenfalls einen umsatzsteuerpflichtigen Vorgang dar. Dieser unterliegt jedoch dem ermäßigten Steuersatz von 7 %. Die „J & B Ice GmbH" verkauft den Kaffee zu einem Bruttopreis (inkl. USt) von 3,95 Euro. Dieser setzt sich zusammen aus dem Nettowarenwert in Höhe von (3,95 Euro : 1,07 =) 3,69 Euro und dem Umsatzsteuerbetrag (3,69 Euro · 7 % =) 0,26 Euro.

Da Kathrin Schröder den Kaffee in ihrer Rolle als Endverbraucherin und nicht als Unternehmerin konsumiert, ist sie mit dem Umsatzsteuerbetrag belastet und kann diesen nicht im Rahmen des Vorsteuerabzugs geltend machen.

Der Buchungssatz für den Verkauf eines Kaffees (Barzahlung) lautet:

Kasse	3,95 Euro	an	Umsatzerlöse	3,69 Euro
			Umsatzsteuer (7%)	0,26 Euro

Soweit sich **Änderungen** an der Höhe der **Bemessungsgrundlage** ergeben, sind auch die Umsatz- bzw. Vorsteuerbuchungen zu korrigieren. Gründe können beispielsweise die Gewährung von (nachträglichen) Rabatten, Boni oder Skonti sein. Auch Warenrücksendungen lösen Korrekturbuchungen aus. Betrifft die Änderung der Bemessungsgrundlage einen Absatzvorgang, sind die Buchungen auf dem Umsatzsteuerkonto anzupassen. Bei Änderungen, die sich auf Beschaffungsgeschäfte beziehen, ist das Vorsteuerkonto zu korrigieren.

Beispiel zur nachträglichen Korrektur der Vorsteuerbuchung durch Skontoabzug

Nach Ablauf des gewährten Zahlungszeitraums überweist die „J & B Ice GmbH" den Rechnungsbetrag unter Abzug eines Skontos in Höhe von 5%. Der Überweisungsbetrag entspricht daher (3.570 Euro · 0,95 =) 3.391,50 Euro. Gleichzeitig reduzieren sich die Anschaffungskosten der Kaffeemaschine und der abziehbare Steuerbetrag um jeweils 5%.

Der Buchungssatz lautet:

Verbindlichkeiten L+L	3.570,00 Euro	an	Bank	3.391,50
			BGA	150,00 Euro
			Vorsteuer	28,50 Euro

Anzumerken ist, dass auch eine entsprechende Korrektur in der Buchführung des Großhändlers notwendig ist. Bei ihm reduziert sich der abzuführenden Umsatzsteuerbetrag von 570 Euro um 28,50 Euro auf 541,50 Euro.

Am Ende eines Umsatzsteuervoranmeldezeitraums (§ 18 UStG, in Abhängigkeit von der Steuerschuld monatlich, vierteljährlich bzw. jährlich) werden die laufenden Buchungen auf dem Vor- und Umsatzsteuerkonto zusammengeführt, denn die Höhe der tatsächlichen

Umsatzsteuerzahllast bzw. des Erstattungsanspruchs ergibt sich als Differenz zwischen der Umsatzsteuer der Ausgangsrechnungen und der Umsatzsteuer der Eingangsrechnungen innerhalb einer Periode:

Umsatzsteuer der Ausgangsrechnungen > Eingangsrechnungen	Umsatzsteuerzahllast
Umsatzsteuer der Ausgangsrechnungen < Eingangsrechnungen	Umsatzsteuererstattungsanspruch

Zunächst wird das Vorsteuerkonto über das Umsatzsteuerkonto abgeschlossen. Der entsprechende Buchungssatz lautet:

Umsatzsteuer	an	Vorsteuer	Betrag

Im zweiten Schritt ist das Umsatzsteuerkonto abzuschließen. Ergibt sich dabei betragsmäßig ein **Überhang** auf der **Sollseite** des Kontos, ist die Abschlussbuchung zum Ausgleich des Kontos über die Habenseite vorzunehmen. In diesem Fall liegt ein **Erstattungsanspruch** gegenüber dem Fiskus vor. Ergibt sich nach dem Übertrag des Saldos des Vorsteuerkontos auf das Umsatzsteuerkonto ein betragsmäßiger Überhang auf der Habenseite des Umsatzsteuerkontos, liegt eine Zahllast vor. Zum Ausgleich des Umsatzsteuerkontos ist eine Buchung auf der Sollseite zu erfassen.

Die nachfolgende Übersicht verdeutlicht die Zusammenhänge

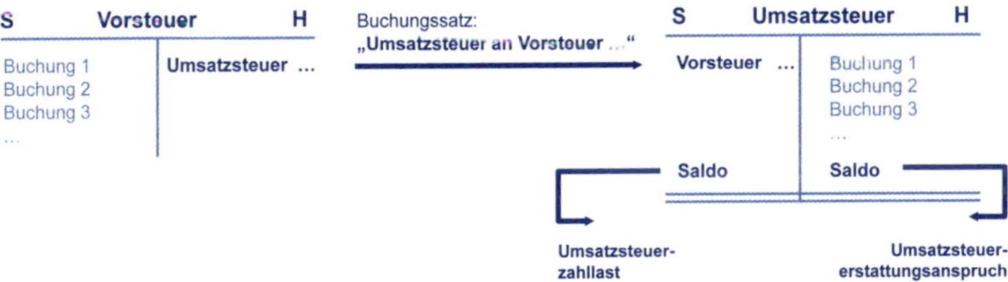

Abbildung 14: Abschluss des Vorsteuerkontos und des Umsatzsteuerkontos

Die Verbuchung des Saldos auf dem Umsatzsteuerkonto erfolgt unterjährig über das Bankkonto bzw. zum Abschlussstichtag über das Schlussbilanzkonto.

4.2 Buchungen im Anlagevermögen

4.2.1 Zugang von Anlagevermögen

Buchungen im Anlagevermögen (§ 247 Abs. 2 HGB) können zu verschiedenen Zeitpunkten anfallen:

- Buchungen im Zeitpunkt des Zugangs von Anlagevermögen,
- laufende Buchungen, insbesondere Abschreibungen und
- Buchungen beim Abgang von Anlagevermögen.

Werden Vermögensgegenstände erworben bzw. hergestellt, sind sie erstmalig in Höhe ihrer Anschaffungs- oder Herstellungskosten in der Buchführung und der Bilanz zu erfassen.

! Positionen des Anlagevermögens werden auf Aktivkonten geführt. Bei Zugängen bzw. Mehrungen im Vermögensbestand sind mithin Buchungen auf der Sollseite des jeweiligen Kontos vorzunehmen; Minderungen bzw. Abgänge sind auf der Habenseite zu erfassen.

Die Buchung eines Anschaffungsvorgangs einschließlich Vorsteuer und nachträglicher Änderung des Kaufpreises wurde bereits im letzten Abschnitt erläutert. Daher werden die Buchungssätze an dieser Stelle nur kurz anhand eines weiteren Beispiels wiederholt:

Beispiel zur Buchung der Anschaffungskosten von Vermögensgegenständen des Anlagevermögens

Die „J & B Ice GmbH" erwirbt einen Kühltresen zu einem Kaufpreis von 5.000 Euro netto und zahlt diesen bei Lieferung in bar. Der zugehörige Buchungssatz lautet:

BGA	5.000,00 Euro	an	Kasse	5.850,00 Euro
Vorsteuer (19 %)	850,00 Euro			

Die Vorsteuer gehört nicht zu den Anschaffungskosten eines Vermögensgegenstandes. Anschaffungsnebenkosten, nachträgliche Anschaffungskosten und Anschaffungspreisminderungen sind jedoch gemäß § 255 Abs. 1 HGB bei der Bestimmung der Höhe der Anschaffungskosten zu berücksichtigen.

Beispiel zur Buchung von Anschaffungsnebenkosten
Die „J & B Ice GmbH" lässt den neu erworbenen Kühltresen von einem Elektrofachbetrieb anschließen. Dafür erhält die GmbH eine Rechnung über 238 Euro brutto, die sie umgehend von ihrem Bankkonto überweist. Die Anschlusskosten stellen Anschaffungsnebenkosten dar und erhöhen den Bilanzwert des Kühltresens. Die Buchung ist wie folgt vorzunehmen:

BGA	200,00 Euro	an	Bank	238,00 Euro
Vorsteuer (19 %)	38,00 Euro			

Beispiel zur Buchung von Anschaffungspreisminderungen
Eine Woche später stellt Jan Frisch fest, dass das Modell seines Kühltresens nun als Aktionsware im Onlineshop des Händlers angeboten wird – und zwar zu einem Preis von nur noch 4.500 Euro netto. Er nimmt Kontakt zum Verkäufer auf. Dieser gewährt ihm daraufhin nachträglich einen Preisnachlass in Höhe von 500 Euro zzgl. der darauf entfallenden Umsatzsteuer. Der Betrag ist bereits am nächsten Geschäftstag dem Konto der „J & B Ice GmbH" gutgeschrieben.

Der Vorgang stellt eine nachträgliche Minderung des Kaufpreises dar und ist entsprechend in der Buchführung nachzuvollziehen:

Bank	595,00 Euro	an	BGA	500,00 Euro
			Vorsteuer (19 %)	95,00 Euro

4.2.2 Planmäßige und außerplanmäßige Abschreibungen

Da **planmäßige Abschreibungen** nur bei abnutzbaren Vermögensgegenständen des Anlagevermögens zu berücksichtigen sind, ist es zunächst erforderlich, nach abnutzbaren und nicht abnutzbaren Vermögensgegenständen zu unterscheiden. Die Vornahme **außerplanmäßiger Abschreibungen** kann grundsätzlich bei sämtlichen Vermögensgegenständen notwendig sein, egal, ob sie abnutzbar oder nicht abnutzbar sind.

Als **abnutzbare Vermögensgegenstände** werden solche bezeichnet, die einem Werteverzehr aufgrund technischer (z. B. Verschleiß), wirtschaftlicher (z. b. technische Überalterung) oder rechtlicher (z. B. Ablauf von Patenten) Gründe unterliegen. Dieser Werteverzehr mindert den Wert des Vermögensgegenstands und stellt einen Aufwand dar. Abnutzbare Vermögensgegenstände sind beispielsweise Gebäude, Patente, technische Anlagen und Maschinen sowie die Gegenstände der Betriebs- und Geschäftsausstattung und des Fuhrparks. Durch den Werteverzehr ist ihre **Nutzungsdauer zeitlich begrenzt**.

Dieser vorhersehbare Werteverzehr ist durch die Vornahme **planmäßiger Abschreibungen** abzubilden. Sie verteilen die Anschaffungs- oder Herstellungskosten auf die voraussichtliche Nutzungsdauer des Vermögens. Die jährlichen Abschreibungsbeträge werden in einem Abschreibungsplan festgehalten.

Nicht abnutzbares Anlagevermögen umfasst solche Vermögensgegenstände, die durch ihren Gebrauch nicht im Wert gemindert werden. Sie stehen dem Unternehmen theoretisch unbegrenzt zur Nutzung zur Verfügung. Für sie sind entsprechend keine planmäßigen Abschreibungen zu berücksichtigen. Hierzu zählen insbesondere Grundstücke und Finanzanlagen.[43]

Außerplanmäßige Abschreibungen spiegeln die Wertminderungen wider, die aufgrund außergewöhnlicher technischer oder wirtschaftlicher Gründe entstehen und durch die der Wert dieser Vermögensgegenstände niedriger ist als die (fortgeführten) Anschaffungs- bzw. Herstellungskosten. Sie können sowohl bei **abnutzbaren** als auch bei **nicht abnutzbaren Vermögensgegenständen** vorzunehmen sein. Die Gründe für die Vornahme außerplanmäßiger Abschreibungen können vielfältig sein. Beispielhaft zu nennen sind die Beschädigung eines Gebäudes durch Sturm, ein Unfall mit einem PKW und das Sinken des Börsenpreises für Aktien. Bei abnutzbaren Vermögensgegenständen können mithin in einer Periode möglicherweise sowohl planmäßige Abschreibungen aufgrund der bestimmungsgemäßen Nutzung als auch außerplanmäßige Abschreibungen aufgrund außergewöhnlicher Umstände erforderlich sein.

Exkurs

Außerplanmäßige Abschreibungen kommen nicht nur im Anlagevermögen, sondern auch im Umlaufvermögen vor, z. B. bei Forderungen, Warenbeständen, Beständen an fremder Währung etc. Auf diese Buchungen wird im folgenden Abschnitt näher eingegangen.

[43] Vgl. *Kudert/Sorg* (2019), S. 151 f.

Beispiel zur Buchung planmäßiger Abschreibungen für abnutzbares Anlagevermögen

Bei dem neuen Kühltresen der „J & B Ice GmbH" handelt es sich um Anlagevermögen i.S.d. § 247 Abs. 2 HGB. Da der Kühltresen durch seinen Gebrauch an Wert verliert und nur zeitlich begrenzt nutzbar ist, müssen seine Anschaffungskosten durch die Vornahme planmäßiger Abschreibungen als Aufwand auf seine voraussichtliche Nutzungsdauer verteilt werden.

Wird unterstellt, dass der Kühltresen zu Beginn des Geschäftsjahres 01 angeschafft und in Betrieb genommen wurde, seine Nutzungsdauer 5 Jahre beträgt und der Werteverzehr gleichmäßig auf die Nutzungsdauer verteilt werden soll, sind in jedem Jahr (4.500 Euro : 5 Jahre =) 900 Euro auf dem Aufwandskonto „Abschreibungen" zu berücksichtigen. In derselben Höhe ist eine Wertminderung auf dem Konto „BGA" zu erfassen.

Der Buchungssatz lautet:

Abschreibungen	an	BGA	900,00 Euro

Am Ende des Geschäftsjahres wird der neue Wert des Kühltresens in Höhe von 3.600 Euro (auf dem Bestandskonto „BGA") mit der Buchung über das Schlussbilanzkonto in die Bilanz überführt. Das Aufwandkonto „Abschreibungen" wird über das GuV-Konto abgeschlossen. Das Jahresergebnis wird durch diesen Vorgang um 900 Euro gemindert.

In analoger Weise ist das Vorliegen einer **außerplanmäßigen Abschreibung** zu berücksichtigen. Die Erfassung der Wertminderung erfolgt bei dem abzuschreibenden Vermögensgegenstand und die Gegenbuchung auf einem Aufwandskonto. Die exakte Bezeichnung des Aufwandskontos ist abhängig von dem jeweiligen Vermögensgegenstand, der von der Wertminderung betroffen ist (z. B. Außerplanmäßige Abschreibungen auf den Geschäfts- oder Firmenwert, Außerplanmäßige Abschreibungen auf immaterielle Vermögensgegenstände, Außerplanmäßige Abschreibungen auf Sachanlagen, Abschreibungen auf Finanzanlagen etc.) und ergibt sich jeweils aus dem Kontenrahmen bzw. Kontenplan.

Beispiel zur Buchung außerplanmäßiger Abschreibungen im Anlagevermögen
Kathrin Schröder hält Aktien in ihrem Betriebsvermögen. Da diese nach ihrem Willen dazu bestimmt sind, dem Geschäftszweck dauernd zu dienen, sind sie als Finanzanlagen zu behandeln. Die Aktien haben Anschaffungskosten von 10.000 Euro. Aufgrund eines gesunkenen Kurswertes beträgt ihr Wert am Abschlussstichtag lediglich noch 8.000 Euro. Unter Beachtung der relevanten handelsrechtlichen Vorschriften ist eine außerplanmäßige Abschreibung vorzunehmen, um die Aktien in der Bilanz mit dem niedrigeren Wert anzusetzen. Das Jahresergebnis fällt entsprechend um 2.000 Euro geringer aus. Der Buchungssatz lautet:

Abschreibungen auf Finanzanlagen	an	Finanzanlagen	2.000,00 Euro

Exkurs

Die verschiedenen Abschreibungsmethoden und die Erstellung von Abschreibungsplänen für die Vornahme planmäßiger Abschreibungen sowie die konkreten Vorschriften für außerplanmäßige Abschreibungen und Zuschreibungen werden detailliert im Rahmen der Bewertung (Kapitel 7) behandelt.

4.2.3 Abgang von Anlagevermögen

Auch das **Ausscheiden eines Anlagegegenstands** aus dem Vermögen eines Unternehmens ist in der Buchführung zu berücksichtigen. Gründe für das Ausscheiden können beispielsweise die Nutzungsaufgabe nach vollständiger Abschreibung, eine Veräußerung oder der Untergang sein.

Beispiel zur Buchung von Anlageabgängen
Einige Monate nach der Anschaffung stellt die „J & B Ice GmbH" fest, dass der zu Beginn des Geschäftsjahres angeschaffte Kühltresen nicht mehr den betrieblichen Anforderungen entspricht. Jan und Ben Frisch entscheiden daher kurzerhand, diesen zu veräußern und ein größeres Modell anzuschaffen. Der Kühltresen wird am 30.12.01 veräußert.

Wie die Verbuchung des Vorgangs konkret vorzunehmen ist, hängt davon ab, ob der Buchwert des Vermögensgegenstandes. d. h. der Wert im Zeitpunkt der Veräußerung

1. mit dem Veräußerungspreis übereinstimmt,
2. den Veräußerungspreis übersteigt oder
3. niedriger ist als der Veräußerungspreis.

Fortsetzung des Beispiels zur Buchung von Anlageabgängen

Der Buchwert des Kühltresens beträgt im Zeitpunkt der Veräußerung 3.600 Euro.

1. Der Kühltresen wird für diesen Wert (ohne USt) veräußert. Die Käuferin hat vorab 2.000 Euro anzahlt und begleicht den restlichen Kaufpreis bei Abholung in bar. Es ergibt sich folgende Buchung:

Bank	2.000,00 Euro	an	BGA	3.600,00 Euro
Kasse	2.284,00 Euro		USt	684,00 Euro

2. Als Kaufpreis wurden 4.500 Euro (zzgl. USt) vereinbart. Der Veräußerungspreis übersteigt mithin den Buchwert um 900 Euro. Daraus resultiert für die GmbH ein Ertrag. Dieser wird auf dem Konto „Erträge aus dem Abgang von Anlagevermögen" erfasst. Der Buchungssatz lautet:

Bank	2.000,00 Euro	an	BGA	3.600,00 Euro
			Erträge aus dem Abgang von Anlagevermögen	900,00 Euro
Kasse	3.355,00 Euro		USt	855,00 Euro

2. Als Kaufpreis wurden 3.000 Euro (zzgl. USt) vereinbart. Der Veräußerungspreis ist mithin 600 Euro geringer als der Buchwert. Daraus resultiert für die GmbH ein Aufwand. Dieser wird auf dem Konto „Aufwand aus dem Abgang von Anlagevermögen" erfasst. Der Buchungssatz lautet:

Bank	2.000,00 Euro	an	BGA	3.600,00 Euro
Kasse	1.570,00 Euro			
Aufwand aus dem Abgang von Anlagevermögen	600,00 Euro		USt	570,00 Euro

4.3 Buchungen im Umlaufvermögen

4.3.1 Wareneinkauf und Warenverkauf

Beispiel zur Buchung auf Warenkonten
Die „J & B Ice GmbH" bezieht von einem Großhändler verschiedene Produkte zur Weiterveräußerung. Die Rechnung lautet über 350 Euro (netto). Der Großhändler, von dem die „J & B Ice GmbH" regelmäßig beliefert wird, zieht einmal monatlich die fälligen Rechnungsbeträge per Lastschrift vom Bankkonto der GmbH ein.

Der Weiterverkauf der Waren erfolgt eine Woche später zu einem Preis von 500 Euro (netto). Die Kundin holt die Waren im Ladengeschäft ab und zahlt in bar.

Die Buchung von Wareneinkäufen und Warenverkäufen erfolgt grundsätzlich über die **Warenkonten**.[44]

Wird für die Buchung der Wareneinkäufe und -verkäufe ein gemeinsames Konto genutzt, handelt es sich um ein **„Gemischtes Warenkonto"**. Die Wareneinkäufe sind als Zugänge zu Einkaufspreisen auf der Sollseite des Kontos zu erfassen, die Warenverkäufe als Abgänge zu Verkaufspreisen auf der Habenseite. Das „Gemischte Warenkonto" trägt mithin Merkmale eines Bestandskontos (Erfassung der Bestandsveränderungen bei den Waren) und gleichzeitig eines Erfolgskontos (Erfassung der Erfolgsveränderungen im Rahmen der Beschaffungs- und Absatzvorgänge). Es wird am Ende der Rechnungsperiode wie ein Erfolgskonto über das GuV-Konto abgeschlossen. Das Ergebnis wird dabei als Differenz zwischen den Beschaffungs- und Absatzpreisen der Waren bestimmt.

Fortsetzung des Beispiels zur Buchung auf Warenkonten
Nutzt die „J & B Ice GmbH" für die Verbuchung ihrer Geschäftsvorfälle das gemischte Warenkonto, lauten die Buchungssätze für den o. g. Sachverhalt:

Gemischtes Warenkonto	350,00 Euro	an	Verbindlichkeiten L+L	374,50 Euro
Vorsteuer (7 %)	24,50 Euro			

[44] Vgl. vertiefend z. B. *Zschenderlein* (2020a), S. 89–119.

Kasse	535,00 Euro	an	**Gemischtes** Warenkonto	500,00 Euro
			Umsatzsteuer (7 %)	35,00 Euro

Verbindlichkeiten L+L	374,50 Euro	an	Bank	374,50 Euro

Bei einer Vielzahl derartiger Geschäftsvorfälle wird die Buchung auf einem gemischten Warenkonto schnell unübersichtlich. Daher werden regelmäßig **getrennte Warenkonten** zur Erfassung von Wareneinkäufen (**Wareneinkaufskonto**) einerseits und Warenverkäufen (**Warenverkaufskonto**) andererseits geführt.

Im System der getrennten Warenkonten nimmt das „**Wareneinkaufskonto**" als erfolgsneutrales Aktivkonto die Bestände an Waren zu ihren Anschaffungskosten auf. Dabei werden auch Anschaffungsnebenkosten (z. B. Transportkosten), die die Anschaffungskosten erhöhen, und Anschaffungspreisminderungen (Rabatte, Boni, Skonti), die die Anschaffungskosten mindern, buchmäßig erfasst.

Das Erfolgskonto „**Warenverkaufskonto**" bildet alle Warenabgänge ab. Sie werden zu den entsprechenden Verkaufspreisen erfasst. Dabei werden auf diesem Konto ebenfalls Rabatte, Skonti und Boni erfasst, die Kunden gewährt werden. Auch Rücksendungen als „Umkehrung" des Warenverkaufs werden auf dem Konto abgebildet.

Fortsetzung des Beispiels zur Buchung auf Warenkonten
Nutzt die „J & B Ice GmbH" für die Verbuchung ihrer Geschäftsvorfälle getrennte Warenkonten, lauten die Buchungssätze für den o. g. Sachverhalt:

Wareneinkaufskonto	350,00 Euro	an	Verbindlichkeiten L+L	374,50 Euro
Vorsteuer (7 %)	24,50 Euro			

Kasse	535,00 Euro	an	**Warenverkaufskonto**	500,00 Euro
			Umsatzsteuer (7 %)	35,00 Euro

Verbindlichkeiten L+L	374,50 Euro	an	Bank	374,50 Euro

Da es sich bei dem Wareneinkaufskonto um ein aktives Bestandskonto handelt, ist am Schluss des Geschäftsjahres im Rahmen der Inventur der tatsächliche Bestand an Waren zu ermitteln. Dieser wird über das Schlussbilanzkonto in die Schlussbilanz übernommen. Die verbleibende Differenz auf dem Wareneinkaufskonto stellt den bewerteten Wareneinsatz dar. Dieser wird als Aufwand an das GuV-Konto gebucht und so in die GuV-Rechnung übernommen.

Für das „Warenverkaufskonto" als Ertragskonto ist am Ende des Geschäftsjahres keine Bestandsaufnahme erforderlich. Das Konto wird im Rahmen der vorbereitenden Abschlussbuchungen über das GuV-Konto abgeschlossen.

Diese Systematik des Abschlusses der getrennten Warenkonten wird als **Bruttomethode** bezeichnet. Sie ist vor dem Hintergrund einer bestmöglichen Informationsversorgung zu bevorzugen, da mit ihr der Wareneinsatz und der Warenumsatz getrennt voneinander erkennbar sind. Bei der zweiten Möglichkeit, die Warenkonten abzuschließen, die als **Nettomethode** bezeichnet wird, erfolgt der Abschluss des Wareneinkaufskontos über das Warenverkaufskonto. Dieses wiederum wird über das GuV-Konto abgeschlossen. Informationen über das Verhältnis von Wareneinsatz und Warenumsatz lassen sich bei dieser Methode nicht ableiten.

Grundsätzlich lassen sich in einem Unternehmen auch mehrere Wareneinkaufskonten und Warenverkaufskonten, z. B. für unterschiedliche Produkte, Filialen etc., führen, sodass der Informationsgehalt, insbesondere auch für Zwecke des internen Rechnungswesens, gesteigert werden kann.[45]

Die folgende Übersicht fasst die Buchungen auf den getrennten Warenkonten (Abschluss mittels der Bruttomethode) zusammen.

SOLL	**Wareneingangskonto** HABEN
Anfangsbestand (EBK)	Anschaffungspreisminderungen
Wareneinkäufe (Anschaffungspreis)	Warenrücksendungen
Anschaffungsnebenkosten	Schlussbestand (SBK)
	Wareneinsatz (Aufwand über GuV- Konto)

SOLL	**Warenverkaufskonto** HABEN
Anschaffungspreisminderungen für Kunden	Warenverkäufe
Rücksendungen von Kunden	
Warenumsatz (Ertrag über GuV- Konto)	

Abbildung 15: Buchungsregeln für getrennte Warenkonten (Abschluss Bruttomethode)

[45] Vgl. *Kudert/Sorg* (2019), S. 131.

4.3.2 Außerplanmäßige Abschreibungen

Vermögensgegenstände des Umlaufvermögens sind definitionsgemäß nicht dazu bestimmt, dauernd dem Geschäftszweck zu dienen. Sie unterliegen daher auch keinem nutzungsbedingten Werteverzehr. Planmäßige Abschreibungen sind für sie nicht vorzunehmen.

Wertminderungen aufgrund außerordentlicher Ereignisse können jedoch auch bei (nahezu) allen Positionen des Umlaufvermögens entstehen:

- Roh-, Hilfs- und Betriebsstoffe und auch Waren können aufgrund von Veränderungen der relevanten Marktpreise im Wert gesunken sein;
- der Ausgleich von Forderungen kann aufgrund einer verschlechterten Kundenbonität gefährdet sein;
- Wertpapiere des Umlaufvermögens können durch gefallene Marktpreise im Wert verloren haben;
- Bankguthaben oder Kassenbestände in fremder Währung können aufgrund gesunkener Umrechnungskurse einen geringeren Wert aufweisen.

Allen diesen Fällen ist gemein, dass die entstandenen Wertminderungen Aufwand darstellen und entsprechend den handelsrechtlichen Bewertungsvorschriften durch die Vornahme außerplanmäßiger Abschreibungen in der Buchführung zu erfassen sind.

Grundsätzlich ist die Buchungssystematik mit der für Gegenstände des Anlagevermögens identisch. Um die Wertminderung bei den Beständen zu erfassen, erfolgt die Gegenbuchung auf einem Aufwandskonto. Je nach betroffener Vermögensposition enthalten die Kontenrahmen bzw. unternehmensindividuellen Kontenpläne verschiedene Konten mit differenzierten Bezeichnungen.

Beispiel zur Buchung außerplanmäßiger Abschreibungen im Umlaufvermögen

Die „J & B Ice GmbH" hält kurzfristig laufende Anleihen als Liquiditätsreserve. Diese sind als Wertpapiere des Umlaufvermögens zu behandeln. Die Anleihen haben Anschaffungskosten von 10.000 Euro. Aufgrund des Bonitätsverlusts des Emittenten ist die Rückzahlung unsicher. Der Kurswert der Anleihen beträgt am Abschlussstichtag lediglich noch 6.000 Euro. Unter Beachtung der relevanten handelsrechtlichen Vorschriften ist eine außerplanmäßige Abschreibung vorzunehmen, um die Anleihen in der Bilanz mit dem niedrigeren Wert anzusetzen und den Wertverlust als Minderung des Jahresergebnisses darzustellen. Der Buchungssatz lautet:

Abschreibungen auf Wertpapiere des Umlaufvermögens	an	Wertpapiere des Umlaufvermögens	4.000,00 Euro

4.3.3 Einzel- und Pauschalwertberichtigungen

Eine Besonderheit besteht bei der Erfassung von Wertminderungen für **Forderungen aus Lieferungen und Leistungen**. Für diese Forderungen, die aufgrund der Geschäftstätigkeit gegenüber Kunden bestehen, sind zum einen sog. **Einzelwertberichtigungen** und zum anderen sog. **Pauschalwertberichtigungen** vorzunehmen.

Der Grund für diese Vorgehensweise ist, dass die Begleichung der Forderungen aus Lieferungen und Leistungen durch die Schuldner der Erfolgsentstehung (= der Buchung der Umsatzerlöse) nachgelagert sind. Kommt ein Schuldner seiner Pflicht zur Zahlung nicht nach, hat dies entsprechend Einfluss auf die wirtschaftliche Situation, denn dem gebuchten Ertrag steht keine spätere Einzahlung gegenüber.

Unter Beachtung der Grundsätze ordnungsmäßiger Buchführung sind solche Ausfallrisiken zu berücksichtigen und Forderungen entsprechend vorsichtig zu bewerten. Dies erfolgt, indem zunächst jede einzelne Forderung auf ihre Werthaltigkeit geprüft und ggf. im Wert gemindert wird (Einzelwertberichtigung – EWB). Abgestuft werden die Forderungen aus Lieferungen und Leistungen dabei regelmäßig in

- einwandfreie (vollwertige) Forderungen,
- zweifelhafte (dubiose) Forderungen und
- uneinbringliche Forderungen.

Die **einwandfreien** bzw. vollwertigen Forderungen lassen keine Ausfallrisiken erkennen.

Bei **zweifelhaften** bzw. dubiosen Forderungen ist ein gewisses Risiko des Ausfalls erkennbar. Gründe für die Einschätzung als zweifelhaft können beispielsweise die Überfälligkeit der Forderungen (Mahnverfahren) oder ein laufendes Insolvenzverfahren der betroffenen Kunden sein. Um in der Buchführung kenntlich zu machen, dass zumindest Zweifel an der Werthaltigkeit der Forderungen bestehen, der (teilweise) Ausfall jedoch noch ungewiss ist, werden diese Forderungen regelmäßig von den einwandfreien Forderungen separiert.

Uneinbringlich sind Forderungen aus Lieferungen und Leistungen, wenn ihr (teilweiser) Ausfall (mit hinreichender Wahrscheinlichkeit) zu erwarten ist. Anhaltspunkte dafür können fruchtlose Zwangsvollstreckungsmaßnahmen gegen die Schuldner, Tod oder Unauffindbarkeit der Schuldner oder auch die Verjährung der Forderungen sein.[46] Ist eine Forderung aus Lieferungen und Leistungen tatsächlich uneinbringlich, ist neben der Abschreibung auf die Forderung

[46] Vgl. *Horschitz* et al. (2021), S. 443.

auch die Berichtigung der Umsatzsteuer vorzunehmen (§ 17 Abs. 2 Nr. 1 UStG).

Erfolgt für eine als zweifelhaft oder uneinbringlich abgeschriebene Forderung in folgenden Perioden ein Zahlungseingang, ist dieser ertragswirksam zu erfassen; im Fall von uneinbringlichen Forderungen unter Berücksichtigung einer erneuten Umsatzsteuerbuchung.

Beispiel zur Buchung von Einzelwertberichtigungen

Die „J & B Ice GmbH" hat zum Bilanzstichtag verschiedene offene Forderungen aus Lieferungen und Leistungen. Eine Forderung in Höhe von 500 Euro (netto) betrifft einen Kunden, der verstorben ist und keine Vermögenswerte hinterlassen hat. Es ist davon auszugehen, dass diese Forderung uneinbringlich ist. Eine vorherige Umbuchung auf das Konto „Uneinbringliche Forderungen" hatte nicht stattgefunden. Die Abschreibung erfolgt unter Berücksichtigung der Umsatzsteuerkorrektur. Folgende Buchung ist erforderlich:

Abschreibungen auf Forderungen	500,00 Euro	an	Forderungen L+L	535,00 Euro
Umsatzsteuer (7 %)	35,00 Euro			

Eine weitere Forderung in Höhe von 300 Euro (netto) betrifft eine Kundin, die bereits zwei Mahnungen erhalten hat. Diese Forderung wird als zweifelhaft eingestuft. Es ist davon auszugehen, dass die Hälfte der Forderung ausfallen wird. Zunächst ist eine Umbuchung vorzunehmen:

Zweifelhafte Forderungen	321,00 Euro	an	Forderungen L+L	321,00 Euro

Für die Forderung ist sodann eine Einzelwertberichtigung in Höhe von 150 Euro (erwarteter Ausfall netto) zu berücksichtigen. Regelmäßig wird mittels der **indirekten Methode** über ein separates passives Bestandskonto „Einzelwertberichtigungen zu Forderungen (EWB)" und ein zugehöriges Aufwandskonto „Einstellung in EWB" gebucht, sodass die zweifelhaften Forderungen zunächst in voller Höhe bestehen bleiben und durch den Aufwand und das passive Sammelkonto die Höhe der notwendigen Korrekturen erkennbar ist. Grundsätzlich ist aber auch eine direkte Verbuchung des Aufwands ohne Einschaltung des passivischen Sammelkontos möglich.[47]

Im Anschluss an die Vornahme der Einzelwertberichtigungen wird der **Anteil der als einwandfrei bewerteten Forderungen (Netto-**

[47] Vgl. ausführlich z. B. *Deitermann* et al. (2021), S. 271 f.

betrag, ohne Umsatzsteuer) vorsorglich mit einem pauschalen Satz abgewertet, um bis dahin noch nicht bekannte Ausfall- und Kreditrisiken zu antizipieren. Der Prozentsatz richtet sich dabei nach den durchschnittlichen Forderungsausfällen (nachweisbare Erfahrungswerte) der letzten Jahre.[48] Die Erfassung erfolgt ebenfalls über ein passivisches Sammelkonto „Einstellung in Pauschalwertberichtigung" und der Gegenbuchung auf dem Aufwandskonto „Pauschalwertberichtigungen zu Forderungen". Der Bestand ist in jedem Geschäftsjahr dem aktuellen Forderungsbestand anzupassen. Tatsächliche Forderungsausfälle während des Geschäftsjahres werden laufend aufwandswirksam erfasst.[49]

4.4 Rechnungsabgrenzung

Eine ordnungsgemäße Buchführung bedingt u.a., dass Sachverhalte sachlich richtig und vollständig erfasst werden. Nur so kann der handelsrechtliche Jahresabschluss „(...) ein den tatsächlichen Verhältnissen entsprechendes Bild der Vermögens-, Finanz- und Ertragslage vermitteln." (Generalnorm des §264 Abs. 2 HGB für den Jahresabschluss von Kapitalgesellschaften).

Dazu gehört auch, dass Aufwendungen und Erträge dann verbucht werden, wenn sie wirtschaftlich verursacht worden bzw. entstanden sind (§252 Abs. 1 Nr. 5 HGB). Auf den Zeitpunkt der Zahlungsabwicklung kommt es hingegen nicht an.[50]

Exkurs

Solange bei einem zweiseitigen Vertrag keine der Vertragsparteien eine Leistung erbracht hat, handelt es sich um ein **schwebendes Geschäft**, das keine Verbuchung bedingt. Erst, wenn eine Vertragspartei die Leistungsverpflichtung (teilweise) erfüllt hat, die andere jedoch noch nicht, muss der Geschäftsvorfall in der Buchführung erfasst werden. Es entsteht eine Erfolgswirkung, da keine Ausgewogenheit mehr zwischen den zu erbringenden Vertragspflichten besteht.

Wird ein Beschaffungs- oder Absatzgeschäft von Waren oder Dienstleistungen als Bargeschäft abgewickelt, ist die Verbuchung des Sachverhaltes regelmäßig mit einer Buchung abgeschlossen, bei der gleichzeitig Erfolgs- und Zahlungswirkung abgebildet werden. Vielfach weichen die **Zeitpunkte** der **Erfolgsentstehung** und des

[48] Vgl. *Schultze/Berberich* (2022), Rn. 576–588.
[49] Vgl. *Deitermann* et al. (2021), S. 274f.
[50] Vgl. *Störk/Büssow* (2022), Rn. 71.

zugehörigen **Zahlungsvorgangs** voneinander ab bzw. betreffen sogar **verschiedene Rechnungsperioden**.

Das zeitliche Auseinanderfallen von Erfolgs- und Zahlungswirkung kann grundsätzlich in zwei Ausprägungen vorkommen:

1. Die **Zahlung** erfolgt **vor** der **Erfolg**sentstehung.
2. Die **Zahlung** erfolgt **nach** der **Erfolg**sentstehung.

Im erstgenannten Fall – die Zahlung erfolgt im laufenden Geschäftsjahr, der Erfolg ist einem späteren Geschäftsjahr zuzurechnen – muss die Erfolgswirkung periodengerecht abgegrenzt werden. Dieser Vorgang wird als **transitorische** Rechnungsabgrenzung bezeichnet. In der Buchführung erfolgt die Umsetzung durch die Bildung von **Rechnungsabgrenzungsposten**.

1. Erfolgt eine **Auszahlung**, die **Aufwand** für eine bestimmte Zeit nach dem Bilanzstichtag darstellt, ist ein **aktiver** Rechnungsabgrenzungsposten (ARAP) zu bilden (§ 250 Abs. 1 HGB).
2. Bei einer **Einzahlung**, die **Ertrag** für eine bestimmte Zeit nach dem Bilanzstichtag darstellt, ist ein **passiver** Rechnungsabgrenzungsposten (PRAP) zu bilden (§ 250 Abs. 2 HGB).

Beispiel zur transitorischen Rechnungsabgrenzung: Bildung von aktiven und passiven Rechnungsabgrenzungsposten (vollständige Abgrenzung)

Die „J & B Ice GmbH" hat von der V-GmbH ein Ladenlokal gemietet. Die Miete in Höhe von 3.000 Euro pro Monat ist jeweils am Monatsersten für den aktuellen Monat zu leisten. Aufgrund der Feiertage wird die „J & B Ice GmbH" bereits Ende Dezember des Jahres 01 mit der Miete für den Januar des Jahres 02 belastet. Auch die Gutschrift bei der V-GmbH erfolgt bereits Ende Dezember 01.

Bei der „J & B Ice GmbH" entsteht aus diesem Geschäftsfall eine Auszahlung im Geschäftsjahr 01, die Mietaufwand für das Geschäftsjahr 02 darstellt. Die Zahlung erfolgt mithin vor Eintritt der Erfolgswirkung, getrennt durch den Geschäftsjahresschluss. Nach § 250 Abs. 1 HGB muss die „J & B Ice GmbH" daher den Mietaufwand in voller Höhe dem Jahr 02 zuordnen und einen aktiven Rechnungsabgrenzungsposten in Höhe von 3.000 Euro bilden. Dieser ist im Folgejahr aufwandswirksam aufzulösen. Der Buchungssatz im Geschäftsjahr 01 lautet:

ARAP	an	Bank	3.000,00 Euro

Im Geschäftsjahr 02 ist wie folgt zu buchen:

Mietaufwand	an	ARAP	3.000,00 Euro

Umgekehrt entsteht bei der V-GmbH aus diesem Geschäftsvorfall eine Einzahlung vor dem Bilanzstichtag des Jahres 01, die einen Mietertrag für das Geschäftsjahr 02 darstellt. Nach § 250 Abs. 2 HGB muss die V-GmbH im Jahr 01 einen passiven Rechnungsabgrenzungsposten in voller Höhe der Miete für Januar 02 bilden, der im Geschäftsjahr 02 ertragswirksam aufzulösen ist. Im Geschäftsjahr 01 ist wie folgt zu buchen:

Bank	an	PRAP	3.000,00 Euro

Die Auflösung des passiven Rechnungsabgrenzungspostens zugunsten des Kontos „Mietertrag" erfolgt mit folgender Buchung:

PRAP	an	Mietertrag	3.000,00 Euro

Durch die Nutzung der Positionen „ARAP" und „PRAP" ist eine korrekte Aufwands- bzw. Ertragszuordnung erfolgt, die unabhängig von den zugehörigen Zahlungen berücksichtigt werden kann.

Beispiel zur transitorischen Rechnungsabgrenzung: Bildung eines aktiven Rechnungsabgrenzungspostens (anteilige Abgrenzung)

Die „J & B Ice GmbH" bezahlt am 01.10. die Kfz-Steuer in Höhe von 400 Euro für ein Jahr im Voraus. Ein Viertel der Summe betrifft das laufende Geschäftsjahr und stellt Aufwand für dieses dar. Dreiviertel des Betrages sind aufwandsmäßig dem Folgegeschäftsjahr zuzurechnen.

Da die Zahlung vor der (vollständigen) Erfolgswirkung liegt, ist ein Betrag von 300 Euro bilanziell als aktiver Rechnungsabgrenzungsposten zu erfassen. Im Folgejahr wird der Betrag aufwandswirksam gebucht und der Rechnungsabgrenzungsposten aufgelöst. Die Buchungssätze im alten und neuen Geschäftsjahr lauten:

Kfz-Steuer (Aufwand)	100,00 Euro	an	Bank	400,00 Euro
ARAP	300,00 Euro			

Kfz-Steuer (Aufwand)	an	ARAP	300,00 Euro

Im zweitgenannten Fall – die Erfolgswirkung entsteht im laufenden Geschäftsjahr, die zugehörige Zahlung erfolgt jedoch erst ist einer späteren Periode – muss die Erfolgswirkung nicht periodengerecht abgegrenzt werden. Erträge und Aufwendungen werden im Zeitpunkt ihrer Entstehung als solche verbucht. Der noch ausstehende Zahlungsvorgang wird als Forderung bzw. Verbindlichkeit erfasst.

Nach erfolgtem Zahlungseingang ist die Forderung bzw. Verbindlichkeit auszubuchen. Dieser Vorgang wird als **antizipative** Rechnungsabgrenzung bezeichnet.

1. Entsteht im laufenden Geschäftsjahr ein **Aufwand**, dessen zugehörige **Auszahlung** erst in einer späteren Periode ausgeführt wird, ist eine **Verbindlichkeit** zu erfassen.
2. Entsteht im laufenden Geschäftsjahr ein **Ertrag**, dessen zugehörige **Einzahlung** erst in einer späteren Periode erfolgt, ist eine **Forderung** zu erfassen.

Beispiel zur antizipativen Rechnungsabgrenzung (Forderungen)
Die „J & B Ice GmbH" liefert am 01.12. des Geschäftsjahres 01 Eiscreme an einen Kunden. Dieser zahlt die Rechnung über 100 Euro (netto) vereinbarungsgemäß erst am 10.01. des Folgejahres. Die „J & B Ice GmbH" muss zum Ende des Geschäftsjahres eine Forderung aus Lieferungen und Leistungen erfassen. Der Buchungssatz im Geschäftsjahr 01 lautet:

<table>
<tr><td rowspan="2">Forderungen L+L</td><td rowspan="2">107,00 Euro</td><td rowspan="2">an</td><td>Warenverkaufskonto</td><td>100,00 Euro</td></tr>
<tr><td>Umsatzsteuer</td><td>7,00 Euro</td></tr>
</table>

Bei Zahlung am 10.01.02 ist wie folgt zu buchen:

<table>
<tr><td>Bank</td><td>an</td><td>Forderungen L+L</td><td>107,00 Euro</td></tr>
</table>

Beispiel zur antizipativen Rechnungsabgrenzung (Verbindlichkeiten)
Die „J & B Ice GmbH" erhält am 15.12. Waren, die sie vereinbarungsgemäß am 15.01. des Folgejahres per Banküberweisung bezahlt. Der Rechnungsbetrag lautet über 214,00 Euro (brutto). In der Bilanz zum Schluss des laufenden Geschäftsjahres ist für diesen Sachverhalt eine Verbindlichkeit aus Lieferungen und Leistungen auszuweisen.

<table>
<tr><td>Wareneinkaufskonto</td><td>200,00 Euro</td><td rowspan="2">an</td><td rowspan="2">Verbindlichkeiten L+L</td><td rowspan="2">214,00 Euro</td></tr>
<tr><td>Vorsteuer</td><td>14,00 Euro</td></tr>
</table>

Bei Zahlung am 15.01.02 ist wie folgt zu buchen:

<table>
<tr><td>Verbindlichkeiten L+L</td><td>an</td><td>Bank</td><td>214,00 Euro</td></tr>
</table>

Beispiel zur antizipativen Rechnungsabgrenzung (Verbindlichkeiten und Forderungen)

Die „J & B Ice GmbH" hat von der V-GmbH ein Ladenlokal gemietet. Die Miete i. H. v. 3.000 Euro pro Monat ist jeweils am Monatsersten für den aktuellen Monat zu leisten. Aufgrund eines Fehlers in der Buchhaltung bei der „J & B Ice GmbH" wurde die Miete für den Monat Dezember des Jahres 01 erst im Januar des Jahres 02 gezahlt.

Bei der „J & B Ice GmbH" ist aus diesem Geschäftsfall ein Aufwand für das Jahr 01 zu berücksichtigen. Die zugehörige Auszahlung erfolgt jedoch erst im Jahr 02. Es ist am Bilanzstichtag aufwandswirksam eine „Sonstige Verbindlichkeit" zu passivieren. Der Buchungssatz im alten Jahr lautet:

Mietaufwand	an	Sonstige Verbindlichkeiten	3.000,00 Euro

Bei der V-GmbH entsteht korrespondierend ein Ertrag sowie eine Forderung, die mit folgendem Buchungssatz erfasst werden:

Sonstige Forderungen	an	Mietertrag	3.000,00 Euro

Der Ausgleich der Forderung im Geschäftsjahr 02 ist bei der „J & B Ice GmbH" wie folgt zu buchen:

Sonstige Verbindlichkeiten	an	Bank	3.000,00 Euro

Bei der V-GmbH wird wie folgt gebucht:

Bank	an	Sonstige Forderungen	3.000,00 Euro

4.5 Buchungen im Personalbereich

Eine bedeutende Position in der Gewinn- und Verlustrechnung stellen die Personalaufwendungen dar.

Unter **Personalaufwendungen** sind sämtliche Leistungen (in Geld oder als Sachbezug) zu verstehen, die die Mitarbeitenden eines Unternehmens (Arbeitnehmer, Angestellte, Auszubildende, Vorstände, Geschäftsführung) auf vertraglicher oder freiwilliger Grundlage als Gegenleistung für die Zurverfügungstellung ihrer Arbeitsleistung erhalten.

Grundsätzlich sind im Personalbereich die folgenden Positionen zu erfassen:

- Aufwand für Löhne und Gehälter,
- Aufwand für soziale Abgaben sowie
- Aufwand für Altersversorgung und Unterstützung.

Zur Position „**Löhne und Gehälter**" gehören neben der laufenden Vergütung auch

- Zuschläge für Nacht-, Wochenend- und Feiertagsarbeit,
- Gefahrenzulagen, Positionszulagen etc.,
- Überstundenvergütungen,
- Urlaubs- und Weihnachtsgeld,
- Jubiläumsgelder,
- Gratifikationen, Tantiemen und andere variable Vergütungsbestandteile,
- die vergünstigte Überlassungen von Gegenständen, wie Kfz, Wohnungen etc. (geldwerte Vorteile),
- Lohnfortzahlungen im Krankheitsfall,
- vermögenswirksame Leistungen und
- vom Arbeitgeber übernommene Lohn- und Kirchensteuer.

Die Bruttolöhne und Bruttogehälter werden über die **Aufwandskonten „Löhne"** bzw. **„Gehälter"** gebucht.

Zu den **sozialen Abgaben** gehören insbesondere die Arbeitgeberanteile zur Sozialversicherung, d. h. zur Renten-, Kranken-, Pflege- und Arbeitslosenversicherung. Diese Beiträge werden

- prozentual vom Bruttoentgelt bemessen,
- bis maximal zu einer bestimmten Beitragsbemessungsgrenze erhoben und
- paritätisch geteilt, d. h. jeweils zur Hälfte von den Arbeitnehmern (Abzug vom Bruttoentgelt) und den Arbeitgebern (zusätzlicher Personalaufwand neben Löhnen und Gehältern) getragen. Bei kinderlosen Arbeitnehmern ist ein Zuschlag zur Pflegeversicherung zu berücksichtigen, der ausschließlich von diesen Personen zu tragen ist (keine paritätische Teilung).

Die Beitragssätze und die Beitragsbemessungsgrenzen werden vom Gesetzgeber regelmäßig neu festgesetzt.

Für die Arbeitgeber- und Arbeitnehmerbeiträge zur Sozialversicherung sind monatliche SV-Voranmeldungen vorzunehmen. Auf dieser Basis werden im Wege des Lastschrifteinzugs die Beiträge einmal monatlich, spätestens am drittletzten Bankarbeitstag, an die Krankenkassen vorausbezahlt.

Für die **Beiträge zur Sozialversicherung** (Arbeitgeber- und Arbeitnehmeranteil) sind zunächst monatlich Vorauszahlungen zu leisten. Ihre Buchung erfolgt über das **aktive Bestandskonto „SV-Vorauszahlungen“**. Der Ausgleich erfolgt im Zeitpunkt der Vornahme der Entgeltzahlung zu Lasten des Bruttoentgelts des Arbeitnehmers und des Aufwandskontos **„AG-Anteil zur SV“**.

Überdies sind bei den sozialen Abgaben die Beiträge zur Berufsgenossenschaft (gesetzliche Unfallversicherung) sowie die Ausgleichsabgabe nach dem Schwerbehindertengesetz zu erfassen, die ausschließlich von den Arbeitgebern zu leisten sind.

Im **Aufwand für Altersversorgung** sind sowohl die laufenden Zuführungen für Altersversorgungszusagen an die aktiven Arbeitnehmer als auch die Pensions- bzw. Hinterbliebenenleistungen an ehemalige Arbeitnehmer zu erfassen.[51]

Überdies ist auch die Abführung der Lohn- und Kirchensteuer sowie des Solidaritätszuschlags in der Buchführung eines Unternehmens zu berücksichtigen. Da diese ausschließlich vom Arbeitnehmer zu tragen, jedoch vom Unternehmen abzuführen ist, ist sie als durchlaufener Posten anzusehen.

Die **einbehaltenen Steuerabzüge** (Lohnsteuer, Kirchensteuer, Solidaritätszuschlag) werden im Zeitpunkt der Abrechnung zunächst als **„Sonstige Verbindlichkeiten gegenüber Finanzbehörden“** („FB-Verbindlichkeiten“) gebucht und müssen bis zum 10. des Folgemonats an das Finanzamt abgeführt werden.

Für einen sozialversicherungspflichtigen Arbeitnehmer mit gesetzlicher Pflichtversicherung sind bei der Berechnung des Nettoentgelts mithin folgende Positionen zu berücksichtigen (Stand: September 2022):[52]

[51] Vgl. *Justenhoven* et al. (2022), Rn. 128–141.
[52] Vgl. vertiefend *Deitermann* et al. (2021), S. 172 -178.

Bruttoentgelt	• Abzug erfolgt jeweils vollständig vom Bruttoentgelt des Arbeitnehmers • Lohnsteuer entsprechend der Entgelthöhe und unter Berücksichtigung persönlicher Abzugsmerkmale (Familienstand, Kinder etc.) • Kirchensteuerabzug (8 % der Lohnsteuer in Baden-Württemberg und Bayern bzw. 9 % der Lohnsteuer in anderen Bundesländern) bei Zugehörigkeit zu einer entsprechenden Religionsgemeinschaft • Solidaritätszuschlag (5,5 % der Lohnsteuer) ab bestimmter Höhe des zu versteuernden Einkommens gemäß SolzG 1995
./. Lohnsteuer	
./. Kirchensteuer	
./. Solidaritätszuschlag	
./. Beiträge zur	• jeweils zur Hälfte vom Arbeitnehmer und Arbeitgeber zu tragen
• Krankenversicherung	• insgesamt 14,6 % (7,3 % Arbeitnehmeranteil / 7,3 % Arbeitgeberanteil) • ggf. plus krankenkassenindividueller Zusatzbeitrag (hälftig zu tragen)
• Pflegeversicherung	• insgesamt 3,05 % (1,525 % Arbeitnehmeranteil / 1,525 % Arbeitgeberanteil) • plus 0,35 % Beitragszuschlag für Personen ohne Kinder (von diesen allein zu tragen, Ausnahmen)
• Rentenversicherung	• insgesamt 18,6 % (9,3 % Arbeitnehmeranteil / 9,3 % Arbeitgeberanteil)
• Arbeitslosenversicherung	• insgesamt 2,4 % (1,2 % Arbeitnehmeranteil / 1,2 % Arbeitgeberanteil)
= Nettoentgelt	

Tabelle 7: Berechnung des Nettoentgelts eines sozialversicherungspflichtigen Arbeitnehmers

Vom Bruttoentgelt eines sozialversicherungspflichtigen Arbeitnehmers sind Steuern und Sozialversicherungsbeiträge in Abzug zu bringen und entsprechend abzuführen. Lediglich das Nettoentgelt gelangt zur Auszahlung an den Arbeitnehmer.

Beispiel zur Berechnung des Nettoentgelts eines sozialversicherungspflichtigen Arbeitnehmers

Die „J & B Ice GmbH" stellt eine Mitarbeiterin (ledig, kinderlos, konfessionslos) für den Verkauf ein. Sie erhält ein monatliches Bruttoentgelt von 3.000 Euro. Ihr Nettoentgelt ist wie folgt zu berechnen:

Bruttoentgelt	3.000,00 Euro
./. Lohnsteuer (lt. Lohnsteuertabelle)	372,50 Euro
./. Krankenkassenbeitrag (14,6% zzgl. 1,3% Zusatzbeitrag hälftig)	238,50 Euro
./. Pflegeversicherungsbeitrag (3,05% hälftig, 0,35% Beitragszuschlag)	56,25 Euro
./. Rentenversicherung (18,6% hälftig)	279,00 Euro
./. Arbeitslosenversicherung (2,4% hälftig)	36,00 Euro
= Nettoentgelt	2.017,75 Euro

Die Mitarbeiterin erhält einen monatlichen Auszahlungsbetrag von 2.017,75 Euro.

Über die „J & B Ice GmbH erfolgt die Abführung der Sozialversicherungsbeiträge (Arbeitgeber- und Arbeitnehmeranteil) in Höhe von insgesamt (599,25 Euro + 609,75 Euro =) 1.209,00 Euro an die Krankenkasse und der Lohnsteuer in Höhe von 372,50 Euro an das Finanzamt.

Dies erfolgt mit folgenden Buchungssätzen:

Meldung zur Sozialversicherung und Buchung des Einzugs der Sozialversicherungsbeiträge:

SV-Vorauszahlung	an	Bank	1.209,00 Euro

Buchung der Gehaltszahlung an die Mitarbeiterin:

Gehälter	3.000,00 Euro	an	FB-Verbindlichkeiten	372,50 Euro
			SV-Vorauszahlung	609,75 Euro
			Bank	2.017,75 Euro

Buchung des Arbeitgeberanteils zur Sozialversicherung:

AG-Anteil zur SV	an	SV-Vorauszahlung	599,25 Euro

Buchung der Lohnsteuer-Abführung:

FB-Verbindlichkeiten	an	Bank	372,50 Euro

4.6 Zusammenfassung

1. Die Umsatzsteuer stellt eine Allphasen-Nettoumsatzsteuer mit Vorsteuerabzug dar. Es soll jeweils lediglich der Mehrwert auf der nächsten Ebene des Produktions- bzw. Dienstleistungsprozesses besteuert werden. Dies wird über den Vorsteuerabzug erreicht. Als durchlaufender Posten ist die Umsatzsteuer beim Unternehmer erfolgsneutral.
2. Es werden getrennte Konten für „Vorsteuer" und „Umsatzsteuer" und für die jeweiligen Steuersätze geführt.
3. Das Konto „Umsatzsteuer" ist ein passives Bestandskonto (Verbindlichkeit gegenüber dem Finanzamt); das Konto „Vorsteuer" ist ein aktives Bestandskonto (Forderung gegenüber dem Finanzamt). Das Konto „Vorsteuer" wird über das Konto „Umsatzsteuer" abgeschlossen.
4. Bei der Buchung von Anlagenzugängen sind neben der Verbuchung des Anschaffungspreises im Soll des aktiven Bestandskontos auch die Anschaffungsnebenkosten und die nachträglichen Anschaffungskosten als Sollbuchung werterhöhend und die Anschaffungspreisminderungen wertmindernd (Habenbuchung) zu berücksichtigen.
5. Bei abnutzbaren Anlagegegenständen sind planmäßige Abschreibungen vorzunehmen. Sie werden grundsätzlich nach der Buchungssystematik „Abschreibungen (Aufwand) an Anlagegegenstand" erfasst.
6. Für alle Vermögensgegenstände des Anlagevermögens können außerplanmäßige Abschreibungen aufgrund unvorhergesehener Wertminderungen vorzunehmen sein. Die Buchung erfolgt analog der Systematik für planmäßige Abschreibungen.
7. Der Abgang von Anlagevermögen kann entweder erfolgsneutral (Buchwert = Abgangswert), erfolgserhöhend (Buchwert < Abgangswert, Erfassung eines Ertrags) oder erfolgsmindernd (Buchwert > Abgangswert, Erfassung eines Aufwands) erfolgen.
8. Bei der Buchung des Warenverkehrs wird regelmäßig mit getrennten Warenkonten gearbeitet. Auf dem „Wareneinkaufskonto" (Aktivkonto) werden die Warenzugänge einschließlich aller Änderungen durch Nebenosten, Preisnachlässe, Rücksendungen an Lieferanten erfasst. Auf dem „Warenverkaufskonto" (Ertragskonto) wird spiegelbildlich der Absatz dargestellt.
9. Der Abschluss der Konten erfolgt entweder nach der Nettomethode oder nach der Bruttomethode. Bei der Nettomethode wird das WEK über das WVK abgeschlossen. Das Ergebnis

wird über das GuV-Konto in das Eigenkapital überführt. Bei der Bruttomethode werden sowohl das WEK als auch das WVK über das GuV-Konto abgewickelt. Beim WEK erfolgen vorab die Inventur und die Erfassung des Schlussbestandes an Waren für die Bilanz.

10. Auch für das Umlaufvermögen sind bei Wertminderungen außerplanmäßige Abschreibungen zu erfassen (strenges Niederstwertprinzip).
11. Für Forderungen werden Einzel- und Pauschalwertberichtigungen erfasst. EWB bilden das individuelle Risiko einzelner Forderungen ab. Mit PWB wird, basierend auf Erfahrungswerten, der Ausfall von am Bilanzstichtag als einwandfrei beurteilten Forderungen antizipiert.
12. Erst, wenn eine Forderung tatsächlich als uneinbringlich auszubuchen ist, erfolgt eine Berichtigung der Umsatzsteuerbuchungen.
13. Um dem Grundsatz der periodengerechten Erfolgserfassung Rechnung zu tragen, ist ggf. eine Rechnungsabgrenzung vorzunehmen.
14. Erfolgt zunächst im Geschäftsjahr die Zahlung und tritt die zugehörige Erfolgswirkung erst in einer späteren Periode ein, müssen Rechnungsabgrenzungsposten gebildet werden.
15. Für die Rechnungsabgrenzung von Erträgen sind passive Rechnungsabgrenzungsposten zu bilden und im Zeitpunkt der Erfolgsentstehung aufzulösen. Bei Aufwendungen sind aktive Rechnungsabgrenzungsposten zu verbuchen (transitorische Rechnungsabgrenzung).
16. Liegt die Erfolgsentstehung vor der Zahlung, sind im Zeitpunkt des Erfolges Forderungen oder Verbindlichkeiten zu buchen (antizipative Rechnungsabgrenzung).
17. Im Personalbereich sind insbesondere die Aufwendungen für Löhne und Gehälter sowie den Arbeitgeberanteil zur Sozialversicherung zu erfassen. Des Weiteren gehören zum Personalaufwand auch die Beiträge zur gesetzlichen Unfallversicherung etc. sowie die Aufwendungen für Altersvorsorge und Unterstützung.
18. Die Sozialversicherungsbeträge und die einbehaltenen Steuern sind vom Arbeitgeber abzuführen.

5 Grundlagen des Jahresabschlusses

Lernziele

- Sie kennen das Wesen und den rechtlichen Rahmen des Jahresabschlusses.
- Sie können den Geltungsbereich des HGB für einzelne Rechtsformen benennen.
- Sie sind mit den Aufgaben und Adressaten des Jahresabschlusses vertraut.
- Sie kennen die Aufstellungspflichten und die Aufstellungsfristen.
- Sie können die Grundsätze ordnungsmäßiger Buchführung die Bilanzierung und Bewertung betreffend benennen und erläutern.
- Sie kennen die Bestandteile des Jahresabschlusses und können die jeweiligen Inhalte aufzeigen. Sie sind mit rechtsform- und größenabhängigen Befreiungen und Erleichterungen vertraut.
- Sie wissen, wie eine Bilanz und eine GuV-Rechnung gegliedert sind und kennen die Inhalte und Besonderheiten der einzelnen Positionen.
- Sie können über die rechtsform- und größenabhängige Bestimmungen zur Prüfungs- und Offenlegungspflicht Auskunft geben.

5.1 Begriffsbestimmung und rechtlicher Rahmen

Der Jahresabschluss ist das zentrale Instrument der externen Rechnungslegung. Er ist das Ergebnis der Buchführung, der Inventur und des Inventars. Er fasst das **tatsächliche betriebliche Geschehen** eines Geschäftsjahres **stichtagsbezogen** in vereinfachter und **aggregierter Form** zusammen.[53]

Die Grundlagen der handelsrechtlichen Jahresabschlusserstellung sind (genau, wie die Vorschriften zur Buchführung) im **Dritten Buch des HGB** niedergelegt.

[53] Vgl. ausführlich z. B. *Coenenberg/Haller/Schultze* (2021), S. 3–9.

Der **erste Abschnitt** des Dritten Buches des HGB mit seinen §§238 bis 263 HGB enthält allgemeine Vorschriften zur handelsrechtlichen Buchführung und Abschlusserstellung **für alle Kaufleute**. Hierin enthalten sind auch die kodifizierten Grundsätze ordnungsmäßiger Buchführung. Für Einzelkaufleute und die meisten Personenhandelsgesellschaften sind mit diesem Abschnitt die bei der Abschlusserstellung verbindlich zu beachtenden Vorschriften abgeschlossen.

Der **zweite Abschnitt** (§§264 bis 335c HGB) enthält ergänzende Vorschriften zur Jahresabschlusserstellung speziell für Kapitalgesellschaften und haftungsbeschränkte Personenhandelsgesellschaften. Diese besonderen Vorschriften gehen den allgemeinen Regelungen des ersten Abschnitts vor.

In den §§336 bis 339 HGB (**Dritter Abschnitt**) sind ergänzende Vorschriften für eingetragene **Genossenschaften** sowie in den §§340 bis 341y HGB (Vierter Abschnitt) für **Kreditinstitute**, **Versicherungen** und bestimmte Unternehmen des **Rohstoffsektors** kodifiziert.

Ergänzt werden die Normen des HGB durch **rechtsformspezifische Vorschriften**, z. B. das AktG und das GmbHG.

Beispiel zum Geltungsbereich des HGB

Da die „J & B Ice GmbH" eine Kapitalgesellschaft ist, muss sie grundsätzlich die Vorschriften des ersten und zweiten Abschnitts des Dritten Buches des HGB berücksichtigen. Die Vorschriften des zweiten Abschnitts gehen für die GmbH denen des ersten Abschnitts vor.

Kathrin Schröder und Peter Krüger führen ihre Unternehmen als Einzelunternehmen. Für sie sind im Rahmen der Jahresabschlusserstellung ausschließlich die Vorschriften des ersten Abschnitts verpflichtend anzuwenden. Es ist jedoch regelmäßig nicht zu beanstanden, wenn sie sich an Vorschriften des zweiten Abschnitts, z. B. zur Gliederung von Bilanz und GuV-Rechnung, orientieren.

5.2 Aufgaben und Adressaten des Jahresabschlusses

Zu den Aufgaben des handelsrechtlichen Jahresabschlusses zählt einerseits die **Informationsfunktion**, nach der der handelsrechtliche Jahresabschluss den Adressaten Informationen über die Vermögens-, Finanz- und Ertragslage liefern soll. Andererseits ist die **Zahlungsbemessungsfunktion** zu nennen, nach der der handelsrechtliche Jahresabschluss dazu dient, die gesetzlichen oder vertraglich vereinbarten Regelungen im Rahmen der Gewinnverteilung oder sonstiger Verpflichtungen zu konkretisieren.

Überdies liefert der handelsrechtliche Jahresabschluss die **Grundlagen für die Erstellung der Steuerbilanz**.

Der Informationsfunktion kommen zwei Teilaufgaben zu. Eine dieser Aufgaben ist die geschäftsvorfallbezogene **Dokumentation**. Über die Buchführungspflicht nach § 238 Abs. 1 Satz 1 HGB dient sie der Vorbereitung der Jahresabschlusserstellung und der damit verbundenen Gewinnermittlung. Des Weiteren soll durch die vollständige und sachgerechte Aufzeichnung eine Beweisfunktion durch Urkundenschaffung erfüllt werden. Vorgänge können anhand der Buchführung rekonstruiert werden. Unregelmäßigkeiten, wie z. B. Unterschlagungen, werden dadurch erschwert bzw. sind leichter aufzudecken. Auch im Rahmen anderer rechtlicher Auseinandersetzungen, wie z. B. in Erb- oder Schadensersatzangelegenheiten, kann die Vorlage des Abschlusses wichtige Erkenntnisse liefern und somit erforderlich sein. Die Dokumentation bezieht sich mithin vorwiegend auf die interne Aufzeichnung des Unternehmensgeschehens, d. h. auf die **Selbstinformation**.

Die zweite Teilaufgabe der Informationsfunktion ist die **Rechenschaftsfunktion**. Sie dient der Zurverfügungstellung von **Informationen für externe Adressaten**. Die Adressaten des handelsrechtlichen Jahresabschlusses und ihre jeweiligen Informationsinteressen können vielfältig sein. Beispielhaft genannt seien Gesellschafter, Gläubiger und Unternehmensmitarbeiter.

Für **Gesellschafter** kann der Jahresabschluss Informationen liefern, die der Einschätzung des unternehmerischen Risikos und der Ausschüttungs- bzw. Entnahmemöglichkeiten dienen. Der Jahresabschluss kann dadurch als Entscheidungsgrundlage für oder gegen eine Unternehmensbeteiligung angesehen werden. Noch bedeutender kann die Übermittlung von Jahresabschlussinformationen für die Gesellschafter sein, wenn die Position der Geschäftsführung nicht durch einen oder mehrere Mitglieder des Gesellschafterkreises besetzt wird. In diesem Fall können die Daten des Jahresabschlusses wichtig sein, um die Leistungen des Managements zu beurteilen, mögliche Pflichtverletzungen oder Fehlleistungen aufzudecken und Dokumentationen bzw. Beweise für derartige Vorfälle oder sonstige Auseinandersetzungen zu haben.

Gläubiger können zur Beurteilung, inwieweit ihre Forderungen erfüllt werden, an den Daten des Jahresabschlusses interessiert sein. So ziehen vor allem Kreditinstitute als wichtige Gläubigergruppe bei Kreditverhandlungen Jahresabschlüsse bei, um zu prüfen, ob eine Kreditvergabe unter Risikogesichtspunkten vertretbar erscheint und zu welchen Konditionen die Kapitalüberlassung erfolgen kann.

Für **Mitarbeitende** des Unternehmens kann der Jahresabschluss Informationen liefern, wenn ihre Vergütung oder Teile dieser vom Jahresüberschuss bzw. vom Erreichen bestimmter Kennzahlen der Jahresabschlussanalyse abhängig sind. Auch kann der Jahresabschluss interessant für Mitarbeiter und ihre Interessenvertreter, wie Betriebsräte und Gewerkschaften, sein, wenn die Daten eine Beurteilung von Arbeitsplatzsicherheit und Aufstiegschancen zulassen. Darüber hinaus können sie nützlich für Lohn- und Gehaltsverhandlungen sein.

Auch Lieferanten, Abnehmer, Konkurrenten, Kommunen, Behörden, statistische Ämter, Wirtschaftsverbände, Wissenschaftler, Wirtschaftspresse u. a. können Adressaten des Jahresabschlusses sein. Ihre Informationsinteressen können grundsätzlich unterschiedlich begründet sein.[54]

Regelmäßig sind die Adressaten auf die Veröffentlichung bzw. freie Zugänglichkeit der relevanten Daten angewiesen. Um möglichen Interessens- und Informationsasymmetrien entgegenzuwirken, hat der Gesetzgeber eine Reihe von Normen geschaffen, die die Informationsversorgung sicherstellen sollen. Dazu zählen die bereits genannte Verpflichtung zur Buchführung und Aufstellung eines Jahresabschlusses für alle Kaufleute sowie die Verpflichtung zur Offenlegung des Jahresabschlusses. Dem Jahresabschluss kommt unter dem Aspekt der Rechenschaft also die Aufgabe der Zusammenstellung und Offenlegung unternehmensbezogener Daten bezüglich der wirtschaftlichen Lage in einer ausreichenden und standardisierten Form zu. Die Rechenschaftsfunktion dient mithin dem Schutz bzw. der Interessenwahrung von anderen mit dem Unternehmen verbundenen Personengruppen.

Im Rahmen der **Zahlungsbemessungsfunktion** liefert der Abschluss Informationen über die Vermögens-, Finanz- und Ertragslage des Unternehmens, insbesondere über den Periodenerfolg des abgelaufenen Geschäftsjahres.

Diese Informationen sind u. a. Entscheidungsgrundlage dafür, wie die Gewinnverwendung gestaltet und vor allem, in welchem Maße Ausschüttungen bzw. Entnahmen vorgenommen werden dürfen und müssen. Gleiches gilt für die Bestimmung weiterer ergebnisabhängiger Zahlungen, wie z. B. erfolgsabhängiger Gehaltsbestandteile oder an den Periodenerfolg gekoppelter Finanzinstrumente.

Dabei misst der deutsche Gesetzgeber dem **Gläubigerschutz** ein hohes Gewicht bei. Im Rahmen der Gewinnermittlung wird dies in den am Vorsichtsprinzip orientierten Ansatz- und Bewertungs-

[54] Vgl. ausführlich z. B. *Krüger* (2015), S. 32–35 m. w. N.

vorschriften des Handelsrechts deutlich. Indirekte Ausschüttungssperren begrenzen die Entnahmemöglichkeiten und dienen somit dem Kapitalerhalt und damit dem Gläubigerschutz. Ebenfalls dem Kapitalerhalt und dem Gläubigerschutz dienende direkte **Ausschüttungssperren** beschränken die Auszahlungshöhe an die Gesellschafter. So regelt z. B. § 172 Abs. 4 HGB, dass die Haftungsbeschränkung eines Kommanditisten in der Höhe aufgehoben wird, in der er einen über den anteiligen Jahresgewinn hinausgehenden Betrag entnimmt. Für Aktionäre beschränkt sich die laufende Ausschüttung nach § 57 AktG auf den Bilanzgewinn. § 150 AktG regelt die verbindliche Zuführung zu gesetzlicher Rücklage und Kapitalrücklage. Infolge der Ausschüttungen einer GmbH darf gemäß § 30 Abs. 1 GmbHG niemals das satzungsmäßig festgelegte Stammkapital unterschritten werden.

Andererseits bestimmen die gesetzlichen Vorschriften, inwieweit den Gesellschaftern eine **Mindestgewinnverteilung bzw. -ausschüttung** garantiert ist bzw. welchem Gesellschaftsorgan die Entscheidungskompetenz bezüglich der Gewinnverwendung zusteht. Dies ist für Personengesellschaften in den §§ 120 bis 122 HGB sowie §§ 167 bis 169 HGB und für Kapitalgesellschaften in den §§ 58 bis 60 AktG und 29 GmbHG geregelt.

Aufgrund des **Maßgeblichkeitsgrundsatzes** des § 5 Abs. 1 Satz 1 EStG stellt der Jahresabschluss auch die Grundlage der Erstellung einer Bilanz für steuerliche Zwecke (Steuerbilanz) dar.[55]

5.3 Aufstellungspflichten und -fristen

5.3.1 Aufstellungspflichten

Nach § 238 Abs. 1 Satz 1 HGB, hat jeder Kaufmann Bücher zu führen und in diesen seine Handelsgeschäfte und die Lage seines Vermögens nach den Grundsätzen ordnungsmäßiger Buchführung ersichtlich zu machen. Überdies hat gemäß § 240 Absätze 1 und 2 HGB jeder Kaufmann zu Beginn seines Handelsgewerbes seine Grundstücke, seine Forderungen und Schulden, den Betrag seines baren Geldes sowie seine sonstigen Vermögensgegenstände genau zu verzeichnen und dabei den Wert der einzelnen Vermögensgegenstände und Schulden anzugeben und demnächst für den Schluss eines jeden Geschäftsjahrs ein solches Inventar aufzustellen.

Die Pflicht zur Aufstellung eines Jahresabschlusses knüpft an diese Voraussetzung an. Sie ergibt sich aus § 242 Absätze 1 und 2 HGB, wonach jeder **Kaufmann** zu Beginn seines Handelsgewerbes und

55 Vgl. *Zschenderlein* (2020b), S. 69.

für den Schluss eines jeden Geschäftsjahrs einen das Verhältnis seines Vermögens und seiner Schulden darstellenden Abschluss (Eröffnungsbilanz, Bilanz) sowie für den Schluss eines jeden Geschäftsjahrs eine Gegenüberstellung der Aufwendungen und Erträge des Geschäftsjahrs (Gewinn- und Verlustrechnung) aufzustellen hat.

Die Pflichten zur Führung von Büchern und zur Erstellung eines Jahresabschlusses nach handelsrechtlichen Vorschriften sind mithin übereinstimmend an das Vorliegen der Kaufmannseigenschaft geknüpft. Die **Buchführungspflicht** und die Pflicht zur Erstellung eines **Jahresabschlusses** sind somit **untrennbar** miteinander verknüpft.

Verantwortlich für die Abschlusserstellung sind die gesetzlichen Vertreter des Unternehmens, mithin der Geschäftsinhaber eines Einzelunternehmens, die geschäftsführenden Gesellschafter einer Personengesellschaft bzw. die Geschäftsführung oder der Vorstand einer Kapitalgesellschaft. Der Jahresabschluss gilt regelmäßig an dem Tag als aufgestellt, an dem die hierfür erforderlichen Arbeiten abgeschlossen sind, d. h. der Abschluss fertiggestellt ist. Bei Kapitalgesellschaften ist der Zeitpunkt der Aufstellung der Termin, an dem der Jahresabschluss dem Abschlussprüfer bzw. den Gesellschaftern bzw. weiteren Gremien vorgelegt werden kann. Neben der rein formellen **Aufstellung** ist für Personen- und Kapitalgesellschaften die **Feststellung** des Jahresabschlusses, d. h. die Genehmigung bzw. Billigung, erforderlich, damit der aufgestellte Jahresabschluss rechtskräftig wird. Die Feststellung erfolgt bei einer Personengesellschaft durch ihre Gesellschafter. Gleiches gilt für eine GmbH. Bei einer AG erfolgt die Feststellung des Abschlusses gemäß § 172 AktG durch den Aufsichtsrat. Nach § 173 AktG kann der Abschluss auch durch die Hauptversammlung festgestellt werden, wenn Vorstand und Aufsichtsrat dies beschließen oder der Aufsichtsrat den Jahresabschluss nicht gebilligt hat.

Die Pflicht, Bücher zu führen und Jahresabschlüsse zu erstellen, beginnt mit dem Vorliegen der Kaufmannseigenschaft. Sie entsteht regelmäßig mit Beginn des Handelsgewerbes, also bereits zum Zeitpunkt der ersten Vorbereitungen, soweit es sich um einen Kaufmann i. S. d. § 1 HGB handelt. Für Kann-Kaufleute i. S. d. § 2 HGB beginnt die Pflicht regelmäßig mit der Eintragung der Firma in das Handelsregister. Erfolgt eine Geschäftsaufnahme allerdings bereits vor diesem Termin, ist auch bereits ab dem Zeitpunkt der Geschäftsaufnahme eine Buchführungs- und Bilanzierungspflicht zu bejahen. Für diesen Zeitpunkt ist mithin die Eröffnungsbilanz zu erstellen.

Eine Eröffnungsbilanz kann auch aus anderen Gründen als der Neugründung geboten sein, beispielsweise wenn ein Handwerk oder Kleingewerbe zu einem kaufmännischen Betrieb erweitert wird oder ein bestehendes Handelsgeschäft unter Lebenden oder von Todes wegen übernommen und weiterführt wird. Der Aufstellung einer Eröffnungsbilanz bedarf es hingegen nicht beim Ein- bzw. Austritt von Gesellschaftern, soweit die Gesellschaft darüber hinaus, mit Ausnahme ihrer Bezeichnung, unverändert bleibt.

Für den Schluss eines jeden Geschäftsjahres hat jeder Kaufmann einen Abschluss zu erstellen. Gemäß § 240 Abs. 2 Satz 2 HGB darf die Dauer des Geschäftsjahrs zwölf Monate nicht überschreiten. Zu Beginn des Handelsgewerbes kann ein sog. Rumpfgeschäftsjahr von der Aufnahme der Geschäftstätigkeit bis zum nächsten 31.12. gewählt werden, um für folgende Perioden ein mit dem Kalenderjahr übereinstimmendes Geschäftsjahr zu erreichen.

Analog endet die Pflicht zur Buchführung und Abschlusserstellung, wenn die Eigenschaft eines Kaufmanns nicht mehr vorliegt. Dies kann insbesondere bei einem Ist-Kaufmann i. S. d. § 1 HGB im Zeitpunkt der Beendigung seines Handelsgewerbes, also bei der Auflösung und Liquidation des Unternehmens, bzw. bei einem Kann-Kaufmann gemäß § 2 HGB der Löschung aus dem Handelsregister der Fall sein. Überdies kann auch der Übergang von einem Handels- zu einem Kleingewerbe die Buchführungs- und Abschlusserstellungspflicht beenden. Zu diesem Zeitpunkt ist eine Schlussbilanz nach handelsrechtlichen Vorschriften zu erstellen. Dies kann auch unterjährig sein.

Beispiel zur Buchführungs- und Abschlusserstellungspflicht

Peter Krüger betreibt seinen Gewerbebetrieb seit Jahren in einem Umfang, der einen nach Art und Umfang in kaufmännischer Weise eingerichteten Geschäftsbetrieb benötigt. Zum 30.6. des laufenden Geschäftsjahres reduziert er seine geschäftlichen Aktivitäten derart, dass sein Unternehmen zukünftig als Kleingewerbe anzusehen ist.

Peter Krüger hat zum 30.6. eine Schlussbilanz nach den Vorschriften des HGB zu erstellen. Zum 31.12. hingegen ist keine Bilanz zum Schluss des Geschäftsjahres mehr erforderlich.

Durch die Ausgestaltung der Vorschriften sind zwar grundsätzlich alle Kaufleute zur Buchführung und Abschlusserstellung nach den Vorschriften des HGB verpflichtet. Seit einiger Zeit verfolgt der Gesetzgeber jedoch das Ziel, Unternehmen in Bezug auf den bürokratischen Aufwand bei der Rechnungslegung zu entlasten. Hierzu gehört auch die Deregulierung der handelsrechtlichen Pflicht zur Buchführung für Einzelkaufleute nach § 241a HGB. Die Befreiungsvorschrift wurde im Rahmen des Gesetzes zur Modernisierung des Bilanzrechts (BilMoG) im Jahr 2009 eingeführt und 2015 durch das

Bürokratieentlastungsgesetz hinsichtlich der Größenmerkmale erweitert.

Aufgrund der Untrennbarkeit von Buchführung und Jahresabschluss wirkt die Befreiung von der Buchführungspflicht nach handelsrechtlichen Grundsätzen über § 242 Abs. 4 Satz 1 HGB auch für die Pflicht zur Jahresabschlusserstellung. Die Vorschriften entlasten Einzelkaufleute von der Anwendung der §§ 238 bis 241 sowie 242 Absätze 1 bis 3 HGB, wenn sie an den Abschlussstichtagen von zwei aufeinander folgenden Geschäftsjahren nicht mehr als 600.000 Euro Umsatzerlöse und 60.000 Euro Jahresüberschuss aufweisen. Sie sind mithin von den Pflichten zur Buchführung, Erstellung eines Inventars und Aufstellung eines Jahresabschlusses befreit. Im Fall der Neugründung treten die Rechtsfolgen bereits ein, wenn die Werte am ersten Abschlussstichtag nach der Neugründung nicht überschritten werden. Die Merkmale müssen kumulativ erfüllt sein. Das Überschreiten von einer der beiden Größen führt dazu, dass die Befreiung nicht in Anspruch genommen werden kann bzw. die Pflicht zur Buchführung und Abschlusserstellung auflebt. Kann die Befreiung genutzt werden, ist für Zwecke der Besteuerung eine Einnahmen-Überschussrechnung nach § 4 Abs. 3 EStG anzufertigen. Die freiwillige Erstellung eines Jahresabschluss nach handelsrechtlichen Grundsätzen ist jederzeit möglich.

Freiberufler sind grundsätzlich, auch unabhängig von einschlägigen Größenmerkmalen, nicht verpflichtet, nach handelsrechtlichen Vorschriften Bücher zu führen, da sie aufgrund ihrer Tätigkeit keinen Gewerbebetrieb betreiben. Somit müssen sie auch keine Jahresabschlüsse erstellen.

Für **Kapitalgesellschaften** ergibt sich eine generelle Pflicht zur Führung von Büchern und zur Aufstellung eines Inventars und eines handelsrechtlichen Jahresabschlusses aus ihrer Formkaufmannseigenschaft gemäß §§ 6, 2 und 1 HGB und den jeweiligen rechtsformspezifischen Gesetzen (z. B. AktG, GmbHG). Befreiungsvorschriften wirken für sie nicht.

Beispiel zur Buchführungs- und Abschlusserstellungspflicht
Peter Krüger ist Kaufmann i. S. d. § 1 HGB. Aufgrund hoher Umsätze kann er die Befreiungsvorschrift des § 241a i. V. m. § 242 Abs. 4 HGB in den Geschäftsjahren 01 bis 02 nicht in Anspruch nehmen. In 03 und 04 unterschreitet er jeweils die Größen hinsichtlich Umsatz und Jahresüberschuss. Im Geschäftsjahr 05 erzielt er wieder Umsatzerlöse und ein Jahresergebnis, welche über die genannten Beträge hinausgehen.

Für die Geschäftsjahre bis 04 muss Peter Krüger Bücher führen und Jahresabschlüsse nach HGB-Vorschriften erstellen. Für 05 kann er hierauf verzichten. Dies gilt auch, obwohl er im Geschäftsjahr 05 die Voraussetzungen für die Befreiung nicht erfüllt. Ab dem Geschäftsjahr 06 tritt die handelsrechtliche Pflicht zur Buchführung und Abschlusserstellung wieder ein.

5.3.2 Aufstellungsfristen

Die Frist für die Aufstellung des handelsrechtlichen Jahresabschlusses ist abhängig von der Rechtsform und der Größe des Unternehmens. Grundsätzlich haben **Kapitalgesellschaften** ihren Jahresabschluss nach §264 Abs. 1 Satz 3 HGB in den ersten **drei** Monaten des Geschäftsjahrs für das vergangene Geschäftsjahr aufzustellen.

Gemäß §264 Abs. 1 Satz 4 HGB dürfen **Kleinst- und kleine Kapitalgesellschaften** den Jahresabschluss auch später aufstellen, wenn dies einem ordnungsgemäßen Geschäftsgang entspricht. Sie müssen ihren Abschluss jedoch innerhalb der ersten **sechs** Monate des nachfolgenden Geschäftsjahres aufgestellt haben.

Einzelunternehmen und **Personengesellschaften** haben ihren Jahresabschluss gemäß §243 Abs. 3 HGB innerhalb der einem ordnungsmäßigen Geschäftsgang entsprechenden Zeit aufzustellen. Da für sie im HGB keine explizite zeitliche Vorgabe kodifiziert ist, haben sie einen gewissen Ermessensspielraum. Die Auffassungen, mit welchem Aufstellungszeitraum die Ordnungsmäßigkeit gewährleistet sei, sind vielfältig. Nach vielfach vertretener Literaturmeinung ist für Einzelunternehmen und Personengesellschaften davon auszugehen, dass keine kürzere Frist als für Kleinstkapitalgesellschaften zu beachten sei.[56] Überschritten wird ein ordnungsmäßiger Zeitraum nach höchstrichterlicher Rechtsprechung aus dem Jahr 1983[57] hingegen regelmäßig, wenn mehr als zwölf Monaten nach Geschäftsjahresschluss vergangen sind. Eine allgemeinverbindliche Aufstellungsfrist lässt sich mithin für Einzelunternehmen und Personengesellschaften nicht ableiten; vielmehr ist auf die Verhältnisse des Einzelfalls abzustellen.

Insbesondere dann, wenn sich ein Unternehmen in einer besonderen Situation, wie einer **wirtschaftlichen Krise** befindet, können kürzere Aufstellungsfristen von zwei bis drei Monaten nach Geschäftsjahresschluss geboten sein.[58]

[56] Vgl. stellvertretend *Justenhoven/Usinger* (2022), Rn. 90 f. m. w. N.
[57] *BFH* (1983).
[58] Vgl. *Justenhoven/Usinger* (2022), Rn. 91 m. w. N.

5.4 Grundsätze ordnungsmäßiger Buchführung für den Jahresabschluss

In den Vorschriften ab §243 HGB enthält das HGB allgemeine Grundsätze für die Aufstellung des Jahresabschlusses. So ist dieser gemäß §244 HGB in deutscher Sprache und in Euro aufzustellen und gemäß §245 HGB vom Kaufmann, d.h. bei Kapitalgesellschaften von allen gesetzlichen Vertretern bzw. bei Personenunternehmen von allen persönlich haftenden Gesellschaftern, unter Angabe des Datums eigenhändig zu unterzeichnen.

Insbesondere ist auch der Jahresabschluss gemäß §243 Abs. 1 HGB nach den Grundsätzen ordnungsmäßiger Buchführung aufzustellen (Generalnorm für alle Kaufleute). Diese Anforderung wird in §264 Abs. 2 HGB aufgegriffen, nach dem Kapitalgesellschaften unter Beachtung der Grundsätze ordnungsmäßiger Buchführung ein den tatsächlichen Verhältnissen entsprechendes Bild ihrer Vermögens-, Finanz- und Ertragslage vermitteln müssen (Generalnorm für Kapitalgesellschaften).

Die Einordnung des Begriffs der Grundsätze ordnungsmäßiger Buchführung sowie die GoB die Buchführung betreffend wurden bereits in Kapitel 2 erläutert. Mit der folgenden Übersicht werden nun die kodifizierten GoB zur Bilanzierung und Bewertung dargestellt.

Vorschrift	Grundsätze
§243 Abs. 1 HGB	**Generalnorm** Der Jahresabschluss ist nach den GoB aufzustellen.
§243 Abs. 2 HGB	**Klarheit und Übersichtlichkeit** Dieser Grundsatz betrifft die äußere Form und die Darstellung des Jahresabschlusses. Die Posten des Abschlusses sind sachlich zutreffend zu bezeichnen sowie verständlich und eindeutig zu gliedern. Für Kapitalgesellschaften wird dieser Grundsatz durch die in den §§266 und 275 HGB vorgegebenen Gliederungsschemata für die Bilanz und die GuV-Rechnung ergänzt.
§243 Abs. 3 HGB	**Fristgerechte Aufstellung** Der Jahresabschluss ist innerhalb der einem ordnungsmäßigen Geschäftsgang entsprechenden Zeit aufzustellen.
§246 Abs. 1 Satz 1 HGB	**Vollständigkeit** Der Jahresabschluss hat sämtliche Vermögensgegenstände, Schulden, Rechnungsabgrenzungsposten sowie Aufwendungen und Erträge zu enthalten, soweit gesetzlich nichts anderes bestimmt ist.

Vorschrift	Grundsätze
§ 246 Abs. 1 Sätze 2 und 3 HGB	**Wirtschaftliche Zugehörigkeit** Vermögensgegenstände sind grundsätzlich in der Bilanz des Eigentümers zu erfassen, es sei denn, sie sind ihm wirtschaftlich nicht zuzuordnen. In dem Fall hat die Erfassung beim wirtschaftlichen Eigentümer zu erfolgen. Schulden sind in die Bilanz des Schuldners aufzunehmen.
§ 246 Abs. 2 HGB	**Saldierungsverbot** Der Grundsatz ergänzt die Grundsätze der Klarheit und Übersichtlichkeit. Posten der Aktivseite dürfen nicht mit Posten der Passivseite, Aufwendungen nicht mit Erträgen, Grundstücksrechte nicht mit Grundstückslasten verrechnet werden. Ausgenommen sind bestimmte, in Satz 2 benannte Altersvorsorgeverpflichtungen, für die ein Verrechnungsgebot gilt.
§ 246 Abs. 3 HGB	**Ansatzstetigkeit** Die auf den vorhergehenden Jahresabschluss angewandten Ansatzmethoden sind beizubehalten. Abweichungen sind nur in begründeten Ausnahmefällen zulässig.

Tabelle 8: GoB die Bilanzierung betreffend

Vorschrift	Grundsätze
§ 252 Abs. 1 Nr. 1 HGB	**Bilanzidentität** Die Wertansätze in der Eröffnungsbilanz des Geschäftsjahrs müssen mit denen der Schlussbilanz des vorhergehenden Geschäftsjahrs übereinstimmen.
§ 252 Abs. 1 Nr. 2 HGB	**Unternehmensfortführung (Going concern)** Bei der Bewertung ist nicht von der Auflösung, sondern von der Fortführung der Unternehmenstätigkeit auszugehen, sofern dem nicht tatsächliche oder rechtliche Gegebenheiten entgegenstehen.
§ 252 Abs. 1 Nr. 3 HGB	**Stichtagsprinzip** Der letzte Tag eines Geschäftsjahres, der Bilanzstichtag, ist zeitlicher Maßstab für die Bewertung von Vermögensgegenständen, Schulden und Rechnungsabgrenzungsposten. **Einzelbewertung** Die Vermögensgegenstände und Schulden sind zum Abschlussstichtag einzeln zu bewerten. Ausnahmen hiervon können sich durch Bewertungsvereinfachungsvorschriften ergeben.

Vorschrift	Grundsätze
§ 252 Abs. 1 Nr. 4 HGB	**Vorsichtsprinzip** Vermögensgegenstände und Schulden sind vorsichtig zu bewerten. **Imparitäts- und Realisationsprinzip** Alle vorhersehbaren Risiken und Verluste, die bis zum Abschlussstichtag entstanden sind, sind im Jahresabschluss zu berücksichtigen. Hiermit verbunden ist auch die Anwendung des Niederstwertprinzips nach § 253 Abs. 3 und 4 HGB. Gewinne sind nur zu berücksichtigen, wenn sie am Abschlussstichtag realisiert sind. In diesem Zusammenhang steht die zwingende Beachtung des Anschaffungskostenprinzips des § 253 Abs. 1 Satz 1 HGB. **Wertaufhellung** Risiken und Verluste sind auch zu berücksichtigen, wenn sie bis zur Aufstellung des Jahresabschlusses bekannt werden und die abgelaufene Rechnungslegungsperiode betreffen.
§ 252 Abs. 1 Nr. 5 HGB	**Periodenabgrenzung** Aufwendungen und Erträge des Geschäftsjahrs sind unabhängig von den Zeitpunkten der entsprechenden Zahlungen im Jahresabschluss zu berücksichtigen.
§ 252 Abs. 1 Nr. 6 HGB	**Bewertungsstetigkeit** Die auf den vorhergehenden Jahresabschluss angewandten Bewertungsmethoden sind beizubehalten. Abweichungen sind nur in begründeten Ausnahmefällen zulässig.
§ 253 Abs. 1 Satz 1 HGB	**Anschaffungskostenprinzip** Vermögensgegenstände sind höchstens mit den Anschaffungs- oder Herstellungskosten, vermindert um die Abschreibungen nach § 253 Absätze 3 bis 5 HGB, anzusetzen.
§ 253 Abs. 3 und 4 HGB	**Gemildertes Niederstwertprinzip** Bei Vermögensgegenständen des Anlagevermögens sind bei voraussichtlich dauernder Wertminderung außerplanmäßige Abschreibungen vorzunehmen, um diese mit dem niedrigeren Wert am Abschlussstichtag anzusetzen. Bei Finanzanlagen können außerplanmäßige Abschreibungen auch bei voraussichtlich nicht dauernder Wertminderung vorgenommen werden. **Strenges Niederstwertprinzip** Bei Vermögensgegenständen des Umlaufvermögens sind Abschreibungen vorzunehmen, um diese mit einem niedrigeren Wert anzusetzen, der sich aus einem Börsen- oder Marktpreis am Abschlussstichtag ergibt.

Tabelle 9: GoB die Bewertung betreffend

5.5 Bestandteile des Jahresabschlusses

5.5.1 Grundsätzliches

Den Jahresabschluss eines jeden Kaufmanns bilden nach § 242 Abs. 3 HGB grundsätzlich die **Bilanz** (§ 242 Abs. 1 HGB) und die **Gewinn- und Verlustrechnung** (§ 242 Abs. 2 HGB).

Die **Bilanz** spiegelt – bezogen auf den Schluss des Geschäftsjahres – den **Stand des Vermögens und der Schulden** wider. Die Bilanz basiert auf dem Inventar und ist gemäß § 266 Abs. 1 Satz 1 HGB (von Kapitalgesellschaften verpflichtend) in Kontoform aufzustellen. Auf der Aktivseite der Bilanz sind sämtliche Vermögensgegenstände sowie aktive Rechnungsabgrenzungsposten, aktive latente Steuern und der aktive Unterschiedsbetrag aus der Vermögensverrechnung auszuweisen. Die Passivseite der Bilanz zeigt das Eigenkapital, die Rückstellungen und Verbindlichkeiten sowie die passiven latenten Steuern. Die Aktivseite gibt somit Aufschluss über die Mittelverwendung, die Passivseite über die Mittelherkunft. Vorschriften zur Bilanz, insbesondere zur Gliederung sowie zu größenabhängigen Erleichterungen enthalten die §§ 247 sowie 266 ff. HGB.

Die **Gewinn- und Verlustrechnung** gibt Aufschluss über die **Erträge und Aufwendungen** eines Geschäftsjahres. Gemäß § 275 Abs. 1 HGB ist sie (von Kapitalgesellschaften verpflichtend) in Staffelform nach dem Gesamtkostenverfahren gemäß § 275 Abs. 2 HGB oder dem Umsatzkostenverfahren nach § 275 Abs. 3 HGB aufzustellen. Dabei sind die jeweils in diesen Vorschriften genannten Posten in der angegebenen Reihenfolge gesondert auszuweisen.

Mit diesen beiden Bestandteilen ist der Mindestumfang des Jahresabschlusses eines Einzelunternehmens bzw. einer Personengesellschaft erfüllt.

Kapitalgesellschaften hingegen haben ihren Jahresabschluss gemäß § 264 Abs. 1 Satz 1 HGB grundsätzlich „(...) um einen **Anhang** zu erweitern, der mit der Bilanz und der Gewinn- und Verlustrechnung eine Einheit bildet (...)“. Darüber hinaus haben sie regelmäßig einen **Lagebericht** aufzustellen. Dieser ist nicht Teil des Jahresabschlusses selbst, wird praktisch jedoch regelmäßig zusammen mit dem Jahresabschluss in Form eines Geschäftsberichts veröffentlicht. Auf bestehende größenabhängige Erleichterungen wird im folgenden Abschnitt eingegangen.

Der **Anhang** dient grundsätzlich dazu, den Bilanzlesern zusätzliche Informationen zum Inhalt des Jahresabschlusses und zum Unternehmen zur Verfügung zu stellen. Er soll die Informationen in der Bilanz und in der Gewinn- und Verlustrechnung erläutern und ergänzen.[59]

[59] Vgl. *Corsten/Corsten* (2019), S. 266.

Die erforderlichen Inhalte legen die §§284 und 285 HGB fest. Zu nennen sind insbesondere

- Erläuterungen und Begründungen zur Darstellungsform im Jahresabschluss bzw. zu Änderungen im Zeitablauf,
- Erläuterungen und Beschreibungen zu den angewandten Bilanzierungs- und Bewertungsmethoden und Änderungen dieser,
- Erläuterungen zu einzelnen Positionen der Bilanz und der Gewinn- und Verlustrechnung, z. B. zu Abschreibungen, Umsatzerlösen und Geschäftsführungsgehältern.

Der Anhang beinhaltet darüber hinaus auch den **Anlagenspiegel**, der Aufschluss über den Bestand und die Entwicklung der einzelnen Posten im Anlagevermögen gibt. Auch ein Verbindlichkeitenspiegel kann im Anhang aufgenommen werden.

> Gemäß § 289 Abs. 1 Sätze 1 bis 4 HGB hat der **Lagebericht** eine „(...) ausgewogene und umfassende, dem Umfang und der Komplexität der Geschäftstätigkeit entsprechende Analyse des Geschäftsverlaufs und der Lage der Gesellschaft zu enthalten. In die Analyse sind die für die Geschäftstätigkeit bedeutsamsten finanziellen Leistungsindikatoren einzubeziehen und unter Bezugnahme auf die im Jahresabschluss ausgewiesenen Beträge und Angaben zu erläutern. Ferner ist im Lagebericht die voraussichtliche Entwicklung mit ihren wesentlichen Chancen und Risiken zu beurteilen und zu erläutern; zugrunde liegende Annahmen sind anzugeben."

Abgeleitet aus der Definition lässt sich dem Lagebericht mithin eine Ergänzungs-, Rechenschafts- und Informationsfunktion zuschreiben. Mit seiner Hilfe soll eine Gesamtbeurteilung eines Unternehmens ermöglicht werden. In den letzten Jahren sind vermehrt Anforderungen bezüglich der Informationen über nichtfinanzielle Aspekte, insbesondere zu Umwelt- und Arbeitnehmerbelangen, hinzugekommen.[60]

Für den Anhang und den Lagebericht gelten keine expliziten Gliederungsvorschriften. Bei der Erstellung dieser Rechnungslegungsdokumente sind jedoch auch die Grundsätze ordnungsmäßiger Buchführung zu beachten. Das bedeutet insbesondere, dass die Darstellung sachlogisch und übersichtlich sein muss und Änderungen in der Darstellungsform nur in begründeten Ausnahmefällen vorgenommen werden dürfen.

Kapitalmarktorientierte Kapitalgesellschaften, die nicht zur Aufstellung eines Konzernabschlusses verpflichtet sind, müssen gemäß §264 Abs. 1 Satz 2 HGB zusätzlich eine **Kapitalflussrechnung** und einen **Eigenkapitalspiegel** erstellen. Auf freiwilliger Basis können

[60] Vgl. z. B. *Theis* (2018); *Müller* et al. (2021), S. 266–272 m. w. N.; *Borcherding* (2022), S. 207–236.

sie den „(...) Jahresabschluss um eine **Segmentberichterstattung** erweitern." Als kapitalmarktorientiert sind Kapitalgesellschaften gemäß § 264d HGB anzusehen, wenn sie einen organisierten Markt (§ 2 Abs. 11 WpHG) durch von ihnen ausgegebene Wertpapiere (§ 2 Abs. 1 WpHG) in Anspruch nehmen oder die Zulassung solcher Wertpapiere zum Handel an einem organisierten Markt beantragt haben.

Kapitalmarktorientierte Kapitalgesellschaften, die nicht den Vorschriften über die Konzernrechnungslegung unterliegen, sind in der Praxis eher als Ausnahme anzusehen. Sobald eine Kapitalgesellschaft mit Sitz im Inland unmittelbar oder mittelbar einen beherrschenden Einfluss auf ein anderes Unternehmen (Tochterunternehmen) ausüben kann, sind gemäß § 290 Abs. 1 Satz 1 HGB ein Konzernabschluss und ein Konzernlagebericht zu erstellen. Ein beherrschender Einfluss eines Mutterunternehmens besteht gemäß § 290 Abs. 2 HGB stets, wenn

- ihm bei einem anderen Unternehmen die Mehrheit der Stimmrechte der Gesellschafter zusteht,
- ihm bei einem anderen Unternehmen das Recht zusteht, die Mehrheit der Mitglieder des die Finanz- und Geschäftspolitik bestimmenden Verwaltungs-, Leitungs- oder Aufsichtsorgans zu bestellen oder abzuberufen, und es gleichzeitig Gesellschafter ist,
- ihm das Recht zusteht, die Finanz- und Geschäftspolitik auf Grund eines mit einem anderen Unternehmen geschlossenen Beherrschungsvertrages oder auf Grund einer Bestimmung in der Satzung des anderen Unternehmens zu bestimmen, oder
- es bei wirtschaftlicher Betrachtung die Mehrheit der Risiken und Chancen eines Unternehmens trägt, das zur Erreichung eines eng begrenzten und genau definierten Ziels des Mutterunternehmens dient (Zweckgesellschaft).

Im Gegensatz zur Bilanz, zur GuV-Rechnung, dem Anhang und dem Lagebericht wird der Begriff der **Kapitalflussrechnung** im HGB lediglich an einigen Stellen genannt, nicht jedoch erläutert. Auch enthält das HGB keine verbindlichen Vorschriften zur Erstellung einer Kapitalflussrechnung. Mit dem DRS 21 steht ein Rechnungslegungsstandard des DRSC für die Erstellung von Kapitalflussrechnungen im Konzernabschluss zur Verfügung, dessen Anwendung auch für Einzelabschlüsse empfohlen wird.[61]

Allgemein lässt sich festhalten, dass die **Kapitalflussrechnung** eine zahlungsstromorientierte Rechnung ist, die Informationen hinsichtlich der Finanzlage eines Unternehmens liefern soll. Die Cashflows sind dabei

[61] Vgl. *BMJV* (2014).

getrennt für die Bereiche der laufenden Geschäftstätigkeit, der Investitions- und der Finanzierungstätigkeit darzustellen.

Auch für den **Eigenkapitalspiegel** enthält das HGB keine Definition und keine konkreten Vorschriften bezüglich seines Aussehens und seiner Inhalte. Ähnlich wie für die Kapitalflussrechnung lässt sich hinsichtlich der Definition und der Inhalte eines Eigenkapitalspiegels auf den Rechnungslegungsstandard DRS 22 des DRSC zurückgreifen.[62]

Grundsätzlich soll der **Eigenkapitalspiegel** die Informationen der Jahresabschlussbestandteile zu den einzelnen Komponenten des Eigenkapitals detaillieren und ergänzen.

Hierzu soll der Stand der einzelnen Eigenkapitalkomponenten zu Beginn des Geschäftsjahres, ihre Veränderungen durch Zuführungen bzw. Herabsetzungen, Ausschüttungen bzw. Wertveränderungen im Laufe des Geschäftsjahres sowie ihr Stand am Schluss des Geschäftsjahres aufgezeigt werden.

Mit der **Segmentberichterstattung** sollen Abschlussadressaten detaillierte Informationen zu einzelnen Unternehmensbereichen erhalten.

Was eine Segmentberichterstattung ist und welche Inhalte diese haben soll, ist im HGB nicht geregelt. Es kann jedoch wiederum auf einen Rechnungslegungsstandard des DRSC zurückgegriffen werden. So gibt DRS 28 beispielsweise vor, das für jedes Segment, d.h. für jeden wesentliche Unternehmensbereich, betragsmäßige Angaben zum Segmentergebnis, zum Segmentvermögen, zu den Segmentschulden und dem Segmenteigenkapital, zu den Umsatzerlösen und vergleichbaren Erträgen, zu Zinsaufwendungen und Erträgen, zu planmäßigen Abschreibungen, zu wesentlichen sonstigen Ertrags- und Aufwandspositionen sowie zum Ertragsteueraufwand oder -ertrag aufgenommen werden sollen.[63]

5.5.2 Rechtsform- und größenabhängige Bestimmungen

Wie im vorhergehenden Gliederungspunkt ausgeführt, ist der Umfang des Jahresabschlusses und der weiteren Rechnungslegungsdokumente von der Rechtsform und der Größe des Unternehmens abhängig. Das Ziel des Gesetzgebers ist dabei, bürokratischen Aufwand im Zusammenhang mit der Erstellung des Jahresabschlusses für Unternehmen so weit wie möglich zu reduzieren, dabei jedoch den Aufgaben des handelsrechtlichen Jahresabschlusses, d.h. der Informations- und der Zahlungsbemessungsfunktion, angemessen Rechnung zu tragen.

[62] Vgl. *BMJV* (2016).
[63] Vgl. *BMJV* (2020).

Für **Einzelunternehmen und Personengesellschaften** sind regelmäßig nur die allgemeinen Vorschriften des HGB in den §§238 bis 263 HGB relevant; ihr Jahresabschluss besteht in aller Regel lediglich aus einer Bilanz und einer Gewinn- und Verlustrechnung. Sie müssen ihr Rechenwerk nur dann ergänzen, wenn sie zu der in §264a HGB genannten Gruppe zählen.

Nach dieser Rechtsnorm sind die Vorschriften für Kapitalgesellschaften in weiten Teilen auch von haftungsbeschränkten Personengesellschaften anzuwenden. Dies sind OHG und KG, bei denen nicht wenigstens ein persönlich haftender Gesellschafter eine natürliche Person oder eine OHG, KG oder andere Personengesellschaft mit einer natürlichen Person als persönlich haftendem Gesellschafter ist oder sich die Verbindung von Gesellschaften in dieser Art fortsetzt. Nach §264b HGB können solche Personengesellschaften wiederum von §264a HGB ausgenommen, d.h. nicht verpflichtet sein, einen Jahresabschluss und einen Lagebericht nach den Vorschriften für Kapitalgesellschaften aufzustellen, prüfen zu lassen und offenzulegen, wenn sie alle in §264b HGB genannten Voraussetzungen kumulativ erfüllen.

Für **Kapitalgesellschaften** gelten ergänzend die Vorschriften in den §§264 bis 289f HGB. Sie müssen ihren Jahresabschluss regelmäßig um weitere, im vorhergehenden Gliederungspunkt vorgestellte, Rechnungslegungsdokumente ergänzen. Für eine Vielzahl von Kapitalgesellschaften bestehen dabei jedoch auch Befreiungs- und Erleichterungsvorschriften hinsichtlich des Umfangs ihres Jahresabschlusses. Diese ergeben sich durch die Zuordnung zu den Größenklassen der §§267, 267a HGB.

Anhand der Merkmale Bilanzsumme, Umsatzerlöse und durchschnittliche Arbeitnehmerzahl werden Kapitalgesellschaften in die Größenklassen der kleinen, mittelgroßen oder großen Kapitalgesellschaften eingeteilt. Darüber hinaus hat der Gesetzgeber im Rahmen des Kleinstkapitalgesellschaften-Bilanzrechtsänderungsgesetzes (MicroBilG) im Jahr 2012 mit dem §267a HGB das Segment der Kleinstkapitalgesellschaften geschaffen, für die die Zuordnung ebenfalls anhand der o.g. Merkmale erfolgt. Die Größenmerkmale, die für die Zuordnung relevant sind, werden in der folgenden Übersicht dargestellt.

	Bilanzsumme	Umsatzerlöse	Arbeit-nehmer
Kleinstkapitalgesellschaft	≤ 350.000 Euro	≤ 700.000 Euro	≤ 10
Kleine Kapitalgesellschaft	≤ 6.000.000 Euro	≤ 12.000.000 Euro	≤ 50
Mittelgroße Kapitalgesellschaft	≤ 20.000.000 Euro	≤ 40.000.000 Euro	≤ 250
Große Kapitalgesellschaft	> 20.000.000 Euro	> 40.000.000 Euro	> 250

Abbildung 16: Größenklassen bei Kapitalgesellschaften

Für **Kleinstkapitalgesellschaften** gemäß §267a HGB gelten als Höchstgrenzen eine Bilanzsumme von 350.000 Euro, Umsatzerlöse von 700.000 Euro bzw. eine durchschnittliche Arbeitnehmerzahl von 10. Soweit keine speziellen Vorschriften bestehen, gelten gemäß §276a Abs. 2 HGB für Kleinstkapitalgesellschaften die Vorschriften für kleine Kapitalgesellschaften i. S. d. §267 Abs. 1 HGB.

Kleine Kapitalgesellschaften nach §267 Abs. 1 HGB sind solche, die die Größenmerkmale für Kleinstkapitalgesellschaften überschreiten, jedoch nicht mehr als 6 Mio. Euro Bilanzsumme, 12 Mio. Euro Umsatzerlöse bzw. 50 Arbeitnehmer im Jahresdurchschnitt aufweisen.

Als **mittelgroße Kapitalgesellschaften** gelten solche, die die Merkmale einer kleinen Kapitalgesellschaft nicht erfüllen, deren Bilanzsumme 20 Mio. Euro, Umsatzerlöse 40 Mio. Euro bzw. Arbeitnehmer im Jahresdurchschnitt 250 nicht überschreiten.

Große Kapitalgesellschaften sind gemäß §267 Abs. 3 HGB Kapitalgesellschaften, die die Merkmale einer mittelgroßen Kapitalgesellschaft überschreiten. Eine kapitalmarktorientierte Kapitalgesellschaft im Sinn des §264d gilt stets als große.

Nach §267 Abs. 4 HGB bzw. §267a Abs. 1 Satz 2 i. V. m. §267 Abs. 4 HGB treten die Rechtsfolgen der Merkmale gemäß §267 Absätze 1 bis 3 bzw. §267a Abs. 1 HGB nur ein, wenn mindestens zwei der drei genannten Merkmale an den Abschlussstichtagen von zwei aufeinanderfolgenden Geschäftsjahren über- oder unterschritten werden. Im Fall der Umwandlung oder Neugründung treten die Rechtsfolgen schon ein, wenn die Voraussetzungen am ersten Abschlussstichtag nach der Umwandlung oder Neugründung vorliegen.

Nach §267 Abs. 4a HGB gilt bei der Bemessung der Größenklassen als Bilanzsumme die Summe der unter den Buchstaben A bis E des

§266 Abs. 2 HGB aufgeführten Posten. Als Umsatzerlöse sind gemäß §267 HGB die Umsatzerlöse in den zwölf Monaten vor dem Abschlussstichtag heranzuziehen. Als durchschnittliche Zahl der Arbeitnehmer gilt gemäß §267 Abs. 5 HGB der Durchschnitt aus den Zahlen der jeweils am 31. März, 30. Juni, 30. September und 31. Dezember beschäftigten Arbeitnehmer einschließlich im Ausland beschäftigten Arbeitnehmer, Heimarbeiter, Schwerbehinderter, wegen Mutterschutz Abwesender, in einem Probearbeitsverhältnis Befindlicher, unselbstständiger Handelsvertreter, Teilzeitbeschäftigter, auch wenn ihre Tätigkeit nur geringfügig ist und Aushilfskräften, jedoch ohne die zur Berufsausbildung Beschäftigten, Mitglieder eines gesellschaftsrechtlichen Aufsichtsorgans, mitarbeitende Familienangehörige, Leiharbeitnehmer, freiwillig Wehr- und Zivildienstleistende, zur Arbeitsleistung zugewiesene Strafgefangene, aufgrund von Vorruhestands- oder Altersfreizeitregelung ausgeschiedene Arbeitnehmer und Arbeitnehmer in Elternzeit.

Beispiel zu den Größenklassen für Kapitalgesellschaften

Hat die „J & B Ice GmbH" am ersten Abschlussstichtag nach ihrer Gründung eine Bilanzsumme von 50.000 Euro, Umsatzerlöse von 100.000 Euro und zwei Mitarbeiter, ist sie als Kleinstkapitalgesellschaft einzuordnen. Sie muss entsprechend im Jahr der Gründung lediglich die handelsrechtlichen Vorschriften für Kleinstkapitalgesellschaften beachten.

Dies gilt auch für das darauffolgende Geschäftsjahr, denn eine Änderung der Größenklasse und der daraus abzuleitenden Rechtsfolgen ergeben sich nur, wenn die Merkmale einer (anderen) Größenklasse an zwei aufeinanderfolgenden Stichtagen erfüllt sind. D. h., auch wenn die „J & B Ice GmbH" am Abschlussstichtag ihres zweiten Geschäftsjahres die Merkmale für eine kleine Kapitalgesellschaft erfüllte, würden die Rechtsfolgen dazu frühestens am dritten Stichtag eintreten, wenn sie abermals als kleine Kapitalgesellschaft einzustufen wäre.

Beispiel zu den Größenklassen für Kapitalgesellschaften[64]

Wird unterstellt, dass die „J & B Ice GmbH" im Zeitablauf die nachfolgend aufgeführten Merkmale hinsichtlich der Bilanzsumme, der Umsatzerlöse und der durchschnittlichen Arbeitnehmerzahl aufwiese, ließen sich daraus die folgenden Ergebnisse in Bezug auf die Größenklasse und die damit verbundenen Rechtsfolgen ableiten.

[64] Vgl. ähnlich *Störk/Lawall* (2022), Rn. 20.

Jahr	Bilanzsumme (Euro)	Umsatzerlöse (Euro)	Anzahl Arbeitnehmer	Größenklasse	Vorschriften für
01	5.150.000	10.159.000	30	klein	klein
02	7.258.000	12.789.000	40	mittel	klein
03	8.741.000	21.957.000	45	mittel	mittel
04	5.800.000	15.892.000	45	klein	mittel
05	11.100.000	29.120.000	65	mittel	mittel
06	21.000.000	41.000.000	85	groß	mittel
07	22.512.000	45.589.000	105	groß	groß

Kleinstkapitalgesellschaften brauchen gemäß §264 Abs. 1 Satz 4 HGB keinen Lagebericht zu erstellen. Sie brauchen ihren Jahresabschluss gemäß §264 Abs. 1 Satz 5 HGB nicht um einen Anhang zu ergänzen, wenn sie Angaben

1. gemäß §268 Abs. 7 HGB zu Haftungsverhältnisse i. S. d. §251 HGB,
2. nach §285 Nr. 9 Buchst. c) HGB in Bezug auf Vorschüsse und Kredite für Mitglieder der Geschäftsführung, eines Aufsichtsrats o. ä. Gremiums und
3. im Falle einer Aktiengesellschaft gemäß §160 Abs. 3 Satz 2 i. V. m. Abs. 1 Satz 1 Nr. 2 AktG bezüglich eigener Aktien

unter der Bilanz angeben. Der Jahresabschluss einer Kleinstkapitalgesellschaft besteht mithin regelmäßig lediglich aus Bilanz und Gewinn- und Verlustrechnung.

Kleine Kapitalgesellschaften können gemäß §264 Abs. 1 Satz 4 HGB, abweichend von den allgemeinen Vorschriften in §264 Abs. 1 Satz 1 HGB zu den Jahresabschlussbestandteilen und weiteren Rechnungslegungsdokumenten, auf die Erstellung eines Lageberichts verzichten.

Der Jahresabschluss von **mittelgroßen und großen Kapitalgesellschaften** besteht gemäß §264 Abs. 1 Satz 1 HGB regelmäßig aus einer Bilanz, einer Gewinn- und Verlustrechnung und einem Anhang. Er ist um einen Lagebericht zu ergänzen.

Kapitalgesellschaften, die als **Tochterunternehmen in den Konzernabschluss** eines Mutterunternehmens mit Sitz in einem EU/EWR-Staat einbezogen sind, brauchen gemäß §264 Abs. 3 HGB die auf

Kapitalgesellschaften bezogenen handelsrechtlichen Vorschriften zur Erstellung, Prüfung und Offenlegung des Jahresabschlusses nicht anzuwenden. Sie müssen ausschließlich die Vorschriften in den §§ 238 bis 263 HGB beachten, soweit die im Gesetz formulierten Voraussetzungen vollständig erfüllt sind. Die Vorschrift des § 264 Abs. 3 HGB korrespondiert inhaltlich mit der des § 264b HGB für haftungsbeschränkte Personengesellschaften.

Kapitalmarktorientierte Kapitalgesellschaften i. S. d. § 264d HGB, die nicht zur Aufstellung eines Konzernabschlusses verpflichtet sind, haben gemäß § 264 Abs. 1 Satz 2 HGB zusätzlich zu Bilanz, GuV-Rechnung, Anhang und Lagebericht eine Kapitalflussrechnung, einen Eigenkapitalspiegel und ggf. eine Segmentberichterstattung zu erstellen. Dies gilt unabhängig von der Größe der Kapitalgesellschaft.

In der folgende Übersicht sind die Ausführungen zusammengefasst.

	Einzelunternehmen	**Personengesellschaft***	**Kleinstkapitalgesellschaft**	**Kleine Kapitalgesellschaft**	**Mittelgroße und große Kapitalgesellschaft**	**Kapitalmarktorientierte Kapitalgesellschaft**
Bilanz	x	x	x	x	x	x
GuV-Rechnung	x	x	x	x	x	x
Anhang				x**	x**	x
Lagebericht					x**	x
Kapitalflussrechnung						x
EK-Spiegel						x
Segmentberichterstattung						(x)

* Ausnahme: § 264a HGB – Beachtung der Vorschriften für Kapitalgesellschaften
** Ausnahme: § 264 Abs. 3 HGB – nur Bilanz und GuV-Rechnung, soweit in Konzernabschluss einbezogen

Abbildung 17: Rechtsform- und größenabhänge Bestandteile des Jahresabschlusses

Beispiel zum Umfang des Jahresabschlusses
Im Gründungsjahr ist die „J & B Ice GmbH" eine Kleinstkapitalgesellschaft. Ihr Jahresabschluss umfasst gemäß § 264 Abs. 1 HGB die Bilanz und die GuV-Rechnung. Einen Anhang muss sie bei Berücksichtigung von § 267 Abs. 1 Satz 5 HGB nicht erstellen. Einen Lagebericht braucht die GmbH ebenfalls nicht, dieser ist gemäß § 264 Abs. 1 Satz 4 HGB nur für mittelgroße und große Kapitalgesellschaften vorgeschrieben. Da die „J & B Ice GmbH" nicht kapitalmarktorientiert ist, sind die Kapitalflussrechnung und der Eigenkapitalspiegel ebenfalls nicht erforderlich.

Für die beiden Einzelunternehmen „Kathrin Schröder Immobilien e. K." und „Peter Krüger Classic Cars" gilt, dass sie, unabhängig von der Höhe ihrer Umsatzerlöse, Bilanzsumme und der Anzahl an Arbeitnehmern, lediglich einen Jahresabschluss bestehend aus Bilanz und GuV-Rechnung erstellen müssen.

5.6 Gliederung von Bilanz und Gewinn- und Verlustrechnung

§ 265 HGB enthält **allgemeine Grundsätze für die Gliederung der Bilanz und der Gewinn- und Verlustrechnung**. Diese sind geprägt vom Anspruch der Klarheit und Übersichtlichkeit des Jahresabschlusses. Die Vorschrift ist in acht Absätze gegliedert. Besonders hervorzuheben sind die Regelungen

- des **Absatzes 1**, nach dem die Form der Darstellung, insbesondere die Gliederung der aufeinanderfolgenden Bilanzen und Gewinn- und Verlustrechnungen, beizubehalten ist, soweit nicht in Ausnahmefällen wegen besonderer Umstände Abweichungen erforderlich sind. Abweichungen sind im Anhang anzugeben und zu begründen sowie
- des **Absatzes 2**, nach dem in der Bilanz sowie in der Gewinn- und Verlustrechnung zu jedem Posten der entsprechende Betrag des vorhergehenden Geschäftsjahrs anzugeben ist und eine Angabe im Anhang aufzunehmen ist, soweit die Beträge nicht vergleichbar sind.

Überdies postuliert § 265 HGB – in dem in den jeweiligen Absätzen definierten Rahmen – die Angabe der Postenzugehörigkeit, eine Geschäftszweiggliederung sowie Möglichkeiten zur Postenuntergliederung, Postenänderung, Postenzusammenfassung und zum Verzicht auf einen Posten, der keinen Betrag ausweist.

Bezüglich der Gliederungstiefe, d. h. der Frage, wie detailliert die verschiedenen Positionen aufzuschlüsseln sind, ergeben sich rechtsform- und größenabhängige Unterschiede.

Die Vorgabe der Aufstellung der **Bilanz** in Kontoform und ein Gliederungsschema enthält § 266 HGB. Letzteres ist, unter Berücksichtigung verschiedener Erleichterungsvorschriften, verbindlich nur von Kapitalgesellschaften anzuwenden. Für Einzelunternehmen und Personengesellschaften gibt § 247 Abs. 1 HGB lediglich einen Hinweis auf die erforderlichen Inhalte der Bilanz. So sind das Anlagevermögen, das Umlaufvermögen, das Eigenkapital, die Schulden sowie die Rechnungsabgrenzungsposten gesondert auszuweisen und hinreichend aufzugliedern. Die tatsächliche Gliederung und der Detaillierungsgrad der Gliederung sind unter Beachtung der Grundsätze ordnungsmäßiger Buchführung der Unternehmensgröße entsprechend festzulegen. Regelmäßig kommen dabei auch für Einzelunternehmen und Personengesellschaften die **Kontoform** und das **Gliederungsschema** für **Kapitalgesellschaften** zur Anwendung. Im Folgenden werden daher die Vorschriften der §§ 265 ff. HGB zur Bilanzgliederung von Kapitalgesellschaften vorgestellt.

Die in den Absätzen 2 und 3 aufgeführten Posten der Aktiv- und Passivseite sind gesondert und in der vorgeschriebenen Reihenfolge auszuweisen. Aus Vereinfachungsgründen kann die Bilanz einer kleinen Kapitalgesellschaft gemäß § 266 Abs. 1 Satz 3 HGB auf die mit Buchstaben und römischen Zahlen bezeichneten Posten verkürzt werden. Für Kleinstkapitalgesellschaften ist es nach § 266 Abs. 1 Satz 4 HGB ausreichend, wenn sie ihre Bilanz lediglich unter Angabe der mit Buchstaben bezeichneten Posten aufstellen.

Das **Anlagevermögen** besteht gemäß § 247 Abs. 2 HGB aus den Gegenständen, die bestimmt sind, dauernd dem Geschäftsbetrieb zu dienen. Typische Beispiele für immaterielle Vermögensgegenstände sind Konzessionen, Patente, Lizenzen u. ä. sowie entgeltlich erworbene Geschäfts- oder Firmenwerte und geleistete Anzahlungen auf derartige Vermögensgegenstände. Zum Sachanlagevermögen gehören regelmäßig Grundstücke und grundstücksgleiche Rechte, wie Erbpachtrechte, Gebäude, Technische Anlagen und Maschinen, Werkzeuge, der Fuhrpark, die Betriebs- und Geschäftsausstattung sowie geleistete Anzahlungen auf diese Vermögensgegenstände und Anlagen im Bau. Der Position Finanzanlagen sind üblicherweise Beteiligungen, langfristige Darlehens- und Hypothekenforderungen, Wertpapiere des Anlagevermögens u. ä. zuzuordnen.

Für das **Umlaufvermögen** enthält das HGB keine Definition. Im Umkehrschluss aus § 247 Abs. 2 HGB kann das Umlaufvermögen beschrieben werden als der Teil der Vermögensgegenstände, die dem Unternehmen nur vorübergehend zur Verfügung stehen. Zu den Vorräten sind Roh-, Hilfs- und Betriebsstoffe sowie unfertige Erzeugnisse und Leistungen, fertige Erzeugnisse und Waren sowie geleistete Anzahlungen auf diese zu zählen. Bei den Forderungen sind, neben den Forderungen aus Lieferungen und Leistungen, z. B. Forderungen gegenüber verbundenen Unternehmen und Unternehmen, mit denen ein Beteiligungsverhältnis besteht, auszuweisen. Zu den Wertpapieren sind die Anteile an verbundenen Unternehmen sowie andere Wertpapiere des Umlaufvermögens zu rechnen. Schlussendlich sind liquide Mittel, d. h. Kassenbestände und Bankguthaben, auszuweisen.

Entscheidend für die **Zuordnung zum Anlage- oder Umlaufvermögen** ist nicht die tatsächliche, auf zeitliche Aspekte abgestellte Verweildauer, sondern die bei Zugang erwartete zukünftige betriebliche Nutzung. Ist der Vermögensgegenstand zum Gebrauch vorgesehen, ist er als Anlagevermögen zu behandeln. Dem Umlaufvermögen zuzurechnen sind Vermögensgegenstände, die zum Verbrauch, zur sofortigen Veräußerung oder zu einer anderen kurzfristigen Verwertung bestimmt sind. Die Zuordnung beruht folglich auf der Eigenschaft bzw. der betrieblichen Funktion des Vermögensgegenstands. Darüber hinaus kann auch der Wille des Bilanzierenden ausschlaggebend sein. Auf diesen ist dann abzustellen, wenn ein Vermögensgegenstand keine typische betriebliche Funktion besitzt, wie dies beispielsweise bei Wertpapieren der Fall ist.

Das **Eigenkapital** spiegelt grundsätzlich mit der Differenz des Vermögens und der Schulden als Residualgröße das Netto-/Reinvermögen eines Unternehmens wider. Das bzw. die Eigenkapitalkonten sind passive Bestandskonten. Auf ihnen werden zum einen alle erfolgswirksamen Geschäftsvorfälle erfasst. Dies erfolgt durch den Abschluss des GuV-Kontos. Zum anderen wird der Bestand des Eigenkapitals durch die erfolgsneutralen Einlagen und Entnahmen verändert. Durch Einlagen führt ein Gesellschafter dem Unternehmen Vermögensgegenstände zu, durch Entnahmen werden solche aus der betrieblichen in die private Sphäre überführt.

Wie bereits an früherer Stelle dargestellt wurde, kann der Erfolg des Unternehmens durch Eigenkapitalvergleich bestimmt werden. Das Ermittlungsschema wird an dieser Stelle noch einmal dargestellt:

Eigenkapital am Ende der Rechnungslegungsperiode
./. Eigenkapital am Beginn der Rechnungslegungsperiode
+ Privatentnahmen
./. Privateinlagen
= Erfolg der Rechnungslegungsperiode

Die konkrete Ausgestaltung des Eigenkapitals und die daraus resultierende Erfassung von Bestandsveränderungen der Eigenkapitalkonten ist abhängig von der Rechtsform des Unternehmens. Nachfolgend werden die relevanten Grundlagen bei **Kapitalgesellschaften, Einzelunternehmen und Personengesellschaften** dargestellt.

Als **Kapitalgesellschaften** sind in Deutschland insbesondere die Aktiengesellschaft (AG) und die Gesellschaft mit beschränkter Haftung (GmbH) von Bedeutung. Die Aufgliederung des Eigenkapitals bei Kapitalgesellschaften ergibt sich aus §266 Abs. 3 Buchst. A. HGB. Die einzelnen Positionen sind

- das gezeichnete Kapital,
- die Kapitalrücklage,
- die Gewinnrücklagen,
- der Gewinn- bzw. Verlustvortrag und
- der Jahresüberschuss bzw. -fehlbetrag.

Für das **gezeichnete Kapital** gelten als Untergrenzen bei der Aktiengesellschaft gemäß §7 AktG 50.000 Euro und bei der Gesellschaft mit beschränkter Haftung gemäß §5 Abs. 1 GmbHG 25.000 Euro.

Die **Kapitalrücklage** umfasst beispielsweise den Betrag, der bei der Ausgabe von Anteilen über den Nennbetrag hinaus erzielt wird und den Betrag von anderen Zuzahlungen, die Gesellschafter in das Eigenkapital leisten. Diese Zuzahlungen können beispielsweise Einlagen der Gesellschafter sein, die diese zur Stärkung des Eigenkapitals leisten, ohne dass es dazu einer Änderung der Höhe des gezeichneten Kapitals durch eine Änderung des Gesellschaftsvertrags bedarf.

Die **Gewinnrücklagen** werden aus dem versteuerten Gewinn gebildet. Die Notwendigkeit der Bildung von Gewinnrücklagen sowie ihre Höhe können sich aus gesetzlichen Vorschriften, Vorgaben der Satzung bzw. des Gesellschaftsvertrags und aus anderen Gründen ergeben.

Die Bilanzposition **Gewinn- und Verlustvortrag** umfasst solche Ergebnisanteile, über deren Verwendung (Ausschüttung bzw. Einstellung in die bzw. Verrechnung mit den Gewinnrücklagen) noch nicht entschieden wurde.

Schließlich wird mit der Bilanzposition **Jahresüberschuss bzw. -fehlbetrag** das laufende Ergebnis der Rechnungslegungsperiode ausgewiesen.[65]

---

[65] Vgl. *Wöhe/Kußmaul* (2022), S. 292 f.

Beispiel zum Eigenkapitalausweis bei einer Kapitalgesellschaft
Die „J & B Ice GmbH" will im Geschäftsjahr 02 zur Verbesserung ihrer Bonität ihr Eigenkapital stärken. Die Höhe des gezeichneten Kapitals soll unverändert bleiben. Die Gesellschafter zahlen jeweils 10.000 Euro auf das Geschäftskonto ein. Zum 31.01.02 weist das GuV-Konto einen passiven Saldo von 30.000 Euro auf. Am 15.04.03 beschließen Jan und Ben Frisch im Rahmen der Gesellschafterversammlung, 30 % des Jahresüberschusses aus dem Jahr 02 auszuschütten und den Restbetrag in die Gewinnrücklagen einzustellen.

Zum 31.12.02 ist der Bestand der Kapitalrücklage um 20.000 Euro zu erhöhen. Der Jahresüberschuss ist mit 30.000 Euro auszuweisen. Nach dem Beschluss der Gesellschafterversammlung steigt der Saldo des Kontos „Verbindlichkeiten gegenüber Gesellschaftern" um 9.000 Euro, der des Kontos „Gewinnrücklagen" um 21.000 Euro.

Bei **Einzelunternehmen** besteht eine enge Verbindung zwischen der privaten und der betrieblichen Vermögenssphäre. Dies ist dadurch gekennzeichnet, dass der Einzelunternehmer mit seinem privaten und betrieblichen Vermögen für die Verbindlichkeiten des Unternehmens haftet. Des Weiteren steht ihm der gesamte Gewinn zu. Schließlich kommt es in der Praxis zu zahlreichen Transaktionen, die die private und die betriebliche Vermögensphäre betreffen und als Einlagen und Entnahmen zu erfassen sind. Aus praktischen Gründen werden diese nicht direkt über das Eigenkapital- sondern über ein Privatkonto verbucht. Letzteres wird ggf. in weitere Konten untergliedert.[66] Das nachstehende Beispiel soll die Zusammenhänge verdeutlichen:

Beispiel zum Eigenkapitalausweis bei einem Einzelunternehmen
Der Einzelunternehmer Peter Krüger betreibt seinen Gewerbebetrieb derart, dass er einen nach Art und Umfang in kaufmännischer Weise eingerichteten Geschäftsbetrieb benötigt. In der Bilanz zum 31.12.02 hatte er ein Eigenkapital i. H. v. 75.000 Euro ausgewiesen. Die Erträge des Jahres 03 betrugen 430.000 Euro, die Aufwendungen 170.000 Euro. Im Laufe des Geschäftsjahres sind Entnahmen i. H. v. 75.000 Euro und Einlagen i. H. v. 25.000 Euro zu berücksichtigen.

Zum 31.12.03 weisen das GuV-Konto einen Saldo von 260.000 Euro und das Privatkonto von 50.000 Euro auf. Beide Konten sind über das Eigenkapitalkonto abzuschließen, welches danach einen Bestand von 285.000 Euro hat.

[66] Vgl. *Wöhe/Kußmaul* (2022), S. 283 f.

Bei den **Personengesellschaften** soll zwischen der offenen Handelsgesellschaft (OHG) und der Kommanditgesellschaft (KG) unterschieden werden.

Bei der **OHG** haften alle Gesellschafter, wie der Einzelunternehmer, mit ihrem privaten und betrieblichen Vermögen für die Verbindlichkeiten der Gesellschaft.

Die Gewinnverteilung wird regelmäßig im Gesellschaftsvertrag festgelegt. Der Bestand des Eigenkapitals kann durch den betrieblichen Erfolg und durch Einlagen und Entnahmen der Gesellschafter verändert werden. Analog zum Einzelunternehmer hat bei der OHG jeder Gesellschafter ein festes Kapitalkonto (Kapitalkonto I) und ein variable Kapitalkonto (Kapitalkonto II). Das feste Kapitalkonto zeigt den im Rahmen der Gründung vereinbarten Bestand, die Veränderung durch den erwirtschafteten Gewinn, die Einlagen und die Entnahmen wird auf dem variablen Kapitalkonto erfasst. Das folgende Beispiel soll die Zusammenhänge verdeutlichen.[67]

Beispiel zum Eigenkapitalausweis bei einer OHG
Kathrin Schröder und Peter Krüger vereinbaren, gemeinsam hochwertige Immobilien und Fahrzeuge zu vertreiben. Dazu haben sie die „Classic Property and Cars OHG", nachfolgend als „CPC OHG" bezeichnet, gegründet. Im Gesellschaftsvertrag wurde eine Gewinnverteilung entsprechend der ursprünglichen Kapitaleinlage vereinbart.

In der Bilanz zum 31.12.00 wurden auf dem Kapitalkonto I von Kathrin Schröder und Peter Krüger jeweils 30.000 Euro ausgewiesen, die Bestände der Kapitalkonten II betrugen 0 Euro. Die Erträge des Jahres 01 beliefen sich auf 430.000 Euro, die Aufwendungen auf 170.000 Euro. Im Laufe des Geschäftsjahres sind von Kathrin Schröder Entnahmen i. H. v. 75.000 Euro und von Peter Krüger Einlagen i. H. v. 25.000 Euro zu berücksichtigen.

Zum 31.12.01 weisen vor der Gewinnverteilung das GuV-Konto einen Saldo von 260.000 Euro, das Kapitalkonto II von Kathrin Schröder von ./. 75.000 Euro und das Kapitalkonto II von Peter Krüger von 25.000 Euro auf.

Das GuV-Konto ist über die Eigenkapitalkonten II abzuschließen, wobei der vereinbarte Gewinnverteilungsschlüssel (50:50) zu beachten ist. Die Kapitalkonten weisen danach folgende Bestände auf:

Kapitalkonto I Kathrin Schröder	30.000 Euro
Kapitalkonto II Kathrin Schröder	55.000 Euro
Kapitalkonto I Peter Krüger	30.000 Euro
Kapitalkonto II Peter Krüger	155.000 Euro

[67] Vgl. *Kudert/Sorg* (2019), S. 190–192.

Abgesehen von den unterschiedlichen Haftungsverhältnissen der Gesellschafter bestehen bei der **KG** grundsätzlich die gleichen rechtlichen Rahmenbedingungen wie bei der OHG. Die Gesellschafter der KG sind entweder Komplementäre oder Kommanditisten. Erstere haften, wie die Gesellschafter der OHG, unbeschränkt mit ihrem betrieblichen und privaten Vermögen. Demgegenüber haften die Kommanditisten lediglich mit ihrer Einlage, sofern diese vollständig erbracht wurde.

Hinsichtlich der Gewinnverteilung gilt, wie bei der OHG, dass diese regelmäßig im Gesellschaftsvertrag vereinbart wird. Um die unterschiedlichen Haftungsverhältnisse abzubilden, erfolgt die Verbuchung von Gewinnen beim Komplementär wie bei einem OHG-Gesellschafter über sein Kapitalkonto, beim Kommanditisten bleibt demgegenüber häufig das Eigenkapitalkonto unverändert und sein Anspruch am Gewinn wird bis zur Entnahme als Verbindlichkeit gegenüber Gesellschaftern ausgewiesen.[68]

Auf der Passivseite sind neben dem Eigenkapital die **Schulden** des Unternehmens auszuweisen. Diese sind im Bilanzgliederungsschema in Rückstellungen und Verbindlichkeiten aufgeteilt. Ob es sich bei einer Schuldposition um eine Rückstellung oder eine Verbindlichkeit handelt, ist anhand der Bestimmtheit ihres Eintritts und ihrer Höhe abzugrenzen. Unter dem Posten Verbindlichkeiten sind grundsätzlich die Schuldpositionen zu berücksichtigen, bei denen eine Verpflichtung sowohl dem Grunde nach als auch hinsichtlich ihrer Höhe gewiss ist. Ist die Schuld hinsichtlich des Grundes und/oder der Höhe ungewiss, ist eine Rückstellung zu bilden.

Durch die **Mindestgliederung** ist der Aktivseite der Bilanz zu entnehmen, welche Vermögensgegenstände dauernd dem Geschäftszweck dienen bzw. welche kurzfristig umgesetzt werden sollen; auf der Passivseite ist eine Abgrenzung hinsichtlich der Finanzierung nach Eigenkapital und Fremdkapital möglich.

Durch die **Reihenfolge** der Bilanzposten ist überdies der Grad der Liquidierbarkeit bzw. der Gebundenheit der Vermögensgegenstände und Schulden zu erkennen. Grundsätzlich erfolgt die Gliederung „von langfristig zu kurzfristig". So sind z.B. Grundstücke zu Anfang, Kassenbestand zum Ende der Aktivseite auszuweisen. Auch innerhalb des Anlage- und des Umlaufvermögens zeichnet sich diese Struktur ab. Gleiches gilt für die Reihenfolge der Bilanzposten der Passivseite. Grundsätzlich sind langfristiges Eigenkapital „oben", kurzfristige Verbindlichkeiten „weiter unten" aufzuführen. Die Eigenkapitalbestandteile sind innerhalb ihrer Position so zu gliedern, dass langfristige Komponenten (Gezeichnetes Kapital, Kapitalrück-

[68] Vgl. *Schmidt* et al. (2012), S. 351–353.

lage) vor den tendenziell schneller abfließenden Posten (Gewinnvortrag, Jahresüberschuss) stehen. Der Ausweis von langfristigem Fremdkapital (z.B. Anleihen) erfolgt vor dem Ausweis traditionell kurzfristiger Finanzierungsquellen (z.B. Verbindlichkeiten aus Lieferungen und Leistungen).

Unabhängig von der Gliederungstiefe der Bilanz ist in allen Fällen die Bilanzgleichung einzuhalten: Die Bilanzsumme der Aktivseite muss wertmäßig der der Passivseite entsprechen, d.h. die Summe aller Aktiva und die Summe aller Passiva müssen gleich sein.

In der **Gewinn- und Verlustrechnung** werden die Erträge und Aufwendungen des Geschäftsjahres geordnet aufgeführt und saldiert. Das Ergebnis ist der Jahresüberschuss bzw. Jahresfehlbetrag des Geschäftsjahres.

Das HGB enthält im allgemeinen Teil keine für alle Kaufleute obligatorischen Vorschriften zum Aufbau und zur Gliederung der Gewinn- und Verlustrechnung. Einzelunternehmer und Personengesellschaften haben bei der Aufstellung ihrer Gewinn- und Verlustrechnung die Grundsätze ordnungsmäßiger Buchführung, insbesondere die Gebote der Klarheit und Übersichtlichkeit, zu beachten. Nach welchen Kriterien und in welchem Umfang sie ihre Gewinn- und Verlustrechnung aufgliedern, gibt das Handelsrecht nicht vor.

Für **Kapitalgesellschaften** hingegen sieht §275 HGB konkrete Vorschriften, insbesondere zur Aufstellung in Staffelform und der Gliederung, vor. Grundsätzlich kann entweder das Gesamt- oder das Umsatzkostenverfahren angewendet werden.[69]

Im Rahmen des **Gesamtkostenverfahrens** werden sämtliche Erträge und Aufwendungen erfasst. Als Ertragskomponenten gehen die Umsatzerlöse und die sonstigen betrieblichen Erträge ein. Als Aufwandskomponenten werden der gesamte Material- und Personalaufwand, Abschreibungen auf immaterielle Vermögensgegenstände, Sachanlagevermögen und Umlaufvermögen (ohne Wertpapiere) sowie die sonstigen betrieblichen Aufwendungen erfasst. Zur Korrektur des Herstellungsaufwands für nicht abgesetzte Erzeugnisse bzw. für abgesetzte, bereits in Vorperioden hergestellte Vorräte ist zusätzlich die Position „Erhöhung oder Verminderung des Bestands an fertigen und unfertigen Erzeugnissen“ aufzunehmen. Der Herstellungsaufwand für nicht abgesetzte Erzeugnisse wird dabei über die Verbuchung als Bestandserhöhung mit der Bewertung zu Herstellungskosten ertragswirksam, der Absatz bereits in Vorperioden hergestellter Erzeugnisse als Bestandsminderung aufwandswirksam erfasst. Ein ähnliches Vorgehen ergibt sich für zu eigenen Zwecken hergestellte Vermögensgegenstände. Der bei der Herstellung ver-

[69] Vgl. ausführlich z.B. *Buchholz* (2019), S.151–166.

ursachte Aufwand wird durch die ertragswirksame Buchung über den Posten „Andere aktivierte Eigenleistungen" als Gegenbuchung zur Aufnahme des Vermögensgegenstands als Bilanzposition kompensiert. Dies erfordert das Vorhandensein einer entsprechenden internen Kostenrechnung.

Das **Umsatzkostenverfahren** nach § 275 Abs. 3 HGB hingegen stellt lediglich die Erträge und Aufwendungen im Zusammenhang mit den tatsächlich abgesetzten Erzeugnissen gegenüber.

Bei beiden Verfahren dürfen gemäß § 275 Abs. 4 HGB Veränderungen der Kapital- und Gewinnrücklagen in der Gewinn- und Verlustrechnung erst nach dem Posten „Jahresüberschuss/Jahresfehlbetrag" ausgewiesen werden.

Kleine und mittelgroße Kapitalgesellschaften dürfen gemäß § 276 Satz 1 HGB bei Anwendung des Gesamtkostenverfahrens die Posten 1 bis 5 bzw. bei Anwendung des Umsatzkostenverfahrens die Posten 1 bis 3 und 6 unter der Bezeichnung „Rohergebnis" zusammenfassen.

Für Kleinstkapitalgesellschaften sieht § 275 Abs. 5 HGB die Möglichkeit vor, die Gliederung ihrer GuV-Rechnung lediglich auf den gesonderten Ausweis der Posten Umsatzerlöse, sonstige Erträge, Materialaufwand, Personalaufwand, Abschreibungen, sonstige Aufwendungen, Steuern sowie Jahresüberschuss/Jahresfehlbetrag zu beschränken. Soweit sie diese Erleichterung in Anspruch nehmen, ist gemäß § 276 Satz 2 HGB eine weitere Zusammenfassung analog des Satzes 1 nicht möglich.

5.7 Prüfung und Offenlegung der Rechnungslegungsdokumente

5.7.1 Prüfung

Nach § 316 Abs. 1 HGB sind der Jahresabschluss und der Lagebericht von **mittelgroßen und großen Kapitalgesellschaften** durch einen Abschlussprüfer zu prüfen. Ohne Prüfung kann der Jahresabschluss nicht festgestellt werden. Nichtkapitalgesellschaften sowie Kleinst- und kleine Kapitalgesellschaften sind von der Pflicht zur Prüfung befreit.

§ 317 HGB schreibt den **Umfang** der Prüfung vor. So ist in die Prüfung des Jahresabschlusses auch die Buchführung einzubeziehen. Der Abschluss ist dahingehend zu prüfen, ob die gesetzlichen Vorschriften und die ergänzenden Bestimmungen des Gesellschaftsvertrags oder der Satzung beachtet worden sind. Sie hat in einem solchen Umfang zu erfolgen, dass Unrichtigkeiten und Verstöße dagegen, die sich **wesentlich** auf die Darstellung der Vermögens-, Finanz- und Ertragslage der Kapitalgesellschaft auswirken, bei gewissenhafter Berufsausübung erkannt werden, gleichzeitig aber der Grundsatz der Wirtschaftlichkeit beachtet wird.[70]

Der Lagebericht ist darauf zu prüfen, ob er mit dem Jahresabschluss in Einklang steht und insgesamt ein zutreffendes Bild von der Lage der Kapitalgesellschaft vermittelt und Chancen und Risiken der künftigen Entwicklung zutreffend dargestellt sind. Die Prüfung des Lageberichts hat sich auch darauf zu erstrecken, ob die gesetzlichen Vorschriften zur Aufstellung des Lage- oder Konzernlageberichts beachtet worden sind.

Der Jahresabschluss und der Lagebericht werden durch den Abschlussprüfer dahingehend geprüft, ob sie unter Beachtung der GoB und der gesetzlichen Vorschriften erstellt wurden. Daraus lässt sich jedoch keinesfalls ein Urteil ableiten, inwieweit ein Unternehmen „wirtschaftlich solide" aufgestellt ist.[71]

Prüfungen müssen von Wirtschaftsprüfern bzw. Wirtschaftsprüfungsgesellschaften durchgeführt werden, welche ggf. unter Beachtung bestimmter Vorgaben, insbesondere zur Dauer des Mandats, vom Unternehmen bestimmt werden. Mittelgroße GmbH können für die Prüfung auch vereidigte Buchprüfer bzw. Buchprüfungsgesellschaften beauftragen. Voraussetzung für eine ordnungsgemäße Bestellung ist, dass der Abschlussprüfer **unabhängig** und **unbefangen** ist bzw. keine Gefahr der Befangenheit besteht (§§318, 319 HGB).

Die Prüfung wird mittels eines **Bestätigungsvermerks** (Testat) und eines schriftlichen **Prüfungsbericht** über Art und Umfang sowie über das Ergebnis der Prüfung dokumentiert (§§321, 322 HGB).

5.7.2 Offenlegung

Nach §§325ff. HGB haben Kapitalgesellschaften ihren Jahresabschluss offenzulegen.

Unter Offenlegung wird die Einreichung des Jahresabschlusses und des Lageberichts sowie ggf. weiterer Unterlagen (z.B. Bestätigungsvermerk, Gewinnverwendungsvorschlag) bei der das Unternehmensregister führenden Stelle zur Einstellung in das Unternehmensregister (Bekanntmachung) verstanden. Dieser Vorgang erfolgt auf elektronischem Wege.

Die Einreichung der Unterlagen muss **spätestens ein Jahr nach dem Abschlussstichtag** des Geschäftsjahres erfolgen, auf das sie sich beziehen, bei späterem Vorliegen zum nächstmöglichen Zeitpunkt

[70] Vgl. *Bachmann/Peitz* (2021), S.37.
[71] Vgl. *Bitz* et al. (2014), S.357f.

(§ 325 Abs. 1a HGB). Auch Änderungen der eingereichten Unterlagen sind bekanntzugeben (§ 325 Abs. 1b HGB).

Für kleine Kapitalgesellschaften und Kleinstkapitalgesellschaften enthält § 326 HGB Erleichterungsvorschriften. Kleine Kapitalgesellschaften brauchen nur die Bilanz und den Anhang einzureichen. Der Anhang muss keine Angaben zur Gewinn- und Verlustrechnung enthalten. Kleinstkapitalgesellschaft brauchen lediglich ihre Bilanz übermitteln. Diese muss nicht zwingend veröffentlicht werden, sondern kann zur dauerhaften Hinterlegung eingereicht werden. Für die Inanspruchnahme dieser Erleichterung müssen Kleinstkapitalgesellschaft nachweisen, dass sie die entsprechenden Größenklassen an den erforderlichen Stichtagen unterschritten haben.

Für Veröffentlichungszwecke brauchen mittelgroße Kapitalgesellschaften lediglich das in § 327 HGB aufgezeigte, verkürzte Gliederungsschema zu beachten. Dieses entspricht dem Mindestgliederungsschema für die Bilanz kleiner Kapitalgesellschaften mit einigen zusätzlich auszuweisenden Posten.

5.8 Zusammenfassung

1. Der Jahresabschluss fasst das Ergebnis der Buchführung, der Inventur und des Inventars zusammen und gibt stichtagsbezogen und in aggregierter Form einen Überblick über die wirtschaftliche Lage eines Unternehmens.
2. Der Jahresabschluss dient zum einen dazu, die mit dem Unternehmen verbundenen Personengruppen (Adressaten) mit Informationen hinsichtlich der Vermögens-, Finanz- und Ertragslage zu versorgen. Zum anderen kommt dem Jahresabschluss die Aufgabe der Zahlungsbemessung, insb. hinsichtlich der Höhe der Gewinnausschüttungen bzw. Entnahmen, zu. Überdies ist der Jahresabschluss regelmäßig die Grundlage der Steuerbilanz.
3. Die Adressaten des Jahresabschlusses können vielfältig sein. Zu ihnen zählen Gesellschafter, Gläubiger, Mitarbeitende u. v. a.
4. Die Pflicht zur Jahresabschlusserstellung ist untrennbar mit der handelsrechtlichen Buchführung verknüpft.
5. Neben den konkreten Vorschriften zur Bilanzierung, zum Ausweis und zur Bewertung im Jahresabschluss sind auch verschiedene Grundsätze ordnungsmäßiger Buchführung bei der Abschlusserstellung zu berücksichtigen.

6. Der Jahresabschluss ist gemäß § 264 Abs. 1 Satz 3 HGB innerhalb von drei Monaten nach Geschäftsjahresschluss zu erstellen. Kleinst- und kleine Kapitalgesellschaften können den Jahresabschluss gemäß § 264 Abs. 1 Satz 4 HGB innerhalb der ersten sechs Monate des folgenden Geschäftsjahres erstellen. Für Einzelunternehmen und Personengesellschaften enthält das HGB keine expliziten zeitlichen Vorgaben hinsichtlich der Aufstellungsfrist. Eine Frist von einigen Monaten bis zu einem Jahr nach Geschäftsjahresschluss wird in Abhängigkeit der Gegebenheiten des Einzelfalls als GoB-konform angesehen. In besonderen Unternehmenssituationen, insbesondere wirtschaftlichen Krisen, können kürzere Aufstellungsfristen von zwei bis drei Monaten für den handelsrechtlichen Jahresabschluss geboten sein.
7. Die Bilanz (§ 266 HGB) spiegelt – zum Geschäftsjahresschluss – den Stand des Vermögens und der Schulden wider, basiert auf dem Inventar und ist in Kontoform aufzustellen.
8. Die Gewinn- und Verlustrechnung (§ 275 HGB) gibt Aufschluss über die Erträge und Aufwendungen eines Geschäftsjahres und ist in Staffelform nach dem Gesamt- oder dem Umsatzkostenverfahren aufzustellen.
9. Im Anhang sind erläuternde bzw. ergänzende Informationen zur Bilanz und zur GuV-Rechnung aufzunehmen.
10. Mit dem Lagebericht stellt das Unternehmen eine Analyse des Geschäftsverlaufs und Informationen zur Lage der Gesellschaft zur Verfügung und zeigt die voraussichtliche Entwicklung des Unternehmens auf.
11. Die Bilanz und die GuV-Rechnung bilden gemäß § 242 Abs. 3 HGB den Jahresabschluss. Einzelunternehmen und Personengesellschaften müssen darüber hinaus keine weiteren Rechnungslegungsdokumente erstellen.
12. Kapitalgesellschaften haben ihren Abschluss um einen Anhang zu ergänzen und einen Lagebericht zu erstellen (§ 264 Abs. 1 Satz 1 HGB). Der Lagebericht ist kein Bestandteil des Jahresabschlusses; er wird jedoch häufig mit dem Jahresabschluss zu einem Geschäftsbericht zusammengefasst.
13. Nach den §§ 267, 267a HGB werden Kapitalgesellschaften anhand der Merkmale Bilanzsumme, Umsatzerlöse und Mitarbeiterzahl in die vier Größenklassen – Kleinst-, kleine, mittelgroße und große Kapitalgesellschaften – eingeteilt.
14. Der Jahresabschluss von Kleinstkapitalgesellschaften muss regelmäßig auch nur die Bilanz und die GuV-Rechnung umfassen, wenn die Angaben gemäß § 264 Abs. 1 Satz 5 HGB unter der Bilanz erfolgen.

15. Kleine Kapitalgesellschaften brauchen gemäß §264 Abs. 1 Satz 4 HGB keinen Lagebericht aufzustellen. Ihr Abschluss besteht i. d. R. aus Bilanz, GuV-Rechnung und Anhang.
16. Mittelgroße und große Kapitalgesellschaften haben den gesamten Umfang gemäß §264 Abs. 1 Sätze 1 und 4 HGB zu berücksichtigen.
17. Wenn Kapitalgesellschaften als Tochterunternehmen in einen Konzernabschluss eines Mutterunternehmens mit Sitz in einem EU/EWR-Staat einbezogen sind, können sie ihren handelsrechtlichen Abschluss unter den in §264 Abs. 3 HGB genannten Voraussetzungen auf der Basis der Vorschriften für alle Kaufleute ohne Beachtung der ergänzenden Vorschriften für Kapitalgesellschaften gemäß §§264 ff. HGB erstellen.
18. Kapitalmarktorientierte Kapitalgesellschaften, die nicht zur Aufstellung eines Konzernabschlusses verpflichtet sind, müssen nach §264 Abs. 1 Satz 2 HGB ihren Jahresabschluss um eine Kapitalflussrechnung und einen Eigenkapitalspiegel ergänzen und können freiwillig eine Segmentberichterstattung erstellen.
19. Die Anforderungen an die Gliederung der Bilanz und die Gewinn- und Verlustrechnung sind für alle Kaufleute von den Grundsätzen der Klarheit und Übersichtlichkeit geprägt. Hieraus abgeleitet werden insbesondere die Ausweis- bzw. Darstellungsstetigkeit sowie das Erfordernis des Ausweises von Vorjahreswerten. Für Einzelunternehmen und Personengesellschaften stellt §247 Abs. 1 HGB lediglich Mindestanforderungen hinsichtlich des Inhalts der Bilanz auf. Für Kapitalgesellschaften enthält §266 HGB ein verbindliches Schema zur Bilanzgliederung. Je nach Größenklasse ist die Bilanz unterschiedlich tief aufzugliedern.
20. Das Eigenkapital stellt grundsätzlich die Differenz zwischen den Vermögensgegenständen und Schulden dar. Die Inhalte bzw. abzubildenden Sachverhalte sind rechtsformabhängig.
21. Die Vermögensgegenstände und Schulden auf der Aktiv- bzw. Passivseite der Bilanz sind auch innerhalb des jeweiligen Postens grundsätzlich nach ihrer Gebundenheit bzw. Liquidierbarkeit „von langfristig zu kurzfristig“ zu gliedern.
22. Kleinstkapitalgesellschaften können eine stark verkürzte Bilanz aufstellen. Die Aktivseite ist lediglich in die Posten Anlagevermögen, Umlaufvermögen, Rechnungsabgrenzungsposten, aktive latente Steuern sowie aktiver Unterschiedsbetrag aus der Vermögensverrechnung zu untergliedern, soweit derartige Positionen vorhanden sind. Auf der Passivseite ist eine

Untergliederung in Eigenkapital, Rückstellungen, Verbindlichkeiten, Rechnungsabgrenzungsposten und passive latente Steuern vorzunehmen, soweit Positionen gegeben sind.

23. Kleine Kapitalgesellschaften dürfen eine verkürzte Bilanz aufstellen, wobei lediglich die mit Buchstaben und römischen Ziffern bezeichneten Posten gesondert auszuweisen sind.
24. Ein Schema zur Gliederung der GuV-Rechnung einer Kapitalgesellschaft enthält § 275 HGB. Je nach Größenklasse sind die einzelnen Positionen unterschiedlich tief aufzugliedern.
25. Die GuV-Rechnung kann entweder nach dem Gesamtkostenverfahren (produktionsbezogenes Verfahren, § 275 Abs. 2 HGB) oder nach dem Umsatzkostenverfahren (absatzbezogenes Verfahren, § 275 Abs. 3 HGB) erstellt werden.
26. Der Jahresabschluss und der Lagebericht von Kapitalgesellschaften ist offenzulegen. Bei Kleinstkapitalgesellschaften reicht die Einreichung zur dauerhaften Hinterlegung. Kleine Kapitalgesellschaften brauchen vereinfachend keine GuV-Rechnung und keine Anhangangaben dazu veröffentlichen.
27. Der Jahresabschluss und der Lagebericht mittelgroßer und großer Kapitalgesellschaften sind durch einen Abschlussprüfer zu prüfen.

Handelsrechtliche Bilanzierungsvorschriften

Lernziele

- Sie wissen, was Ansatz bzw. Bilanzierung im Rahmen der Jahresabschlusserstellung bedeutet und können die abstrakte von der konkreten Bilanzierungsfähigkeit abgrenzen.
- Sie kennen die Inhalte des Vollständigkeitsgebotes und dessen Grenzen sowie den Grundsatz der Bilanzierung beim wirtschaftlichen Eigentümer.
- Sie sind mit dem Begriff des Geschäfts- oder Firmenwertes vertraut. Sie wissen, wie dieser entstehen kann und wie die handelsrechtlichen Ansatzvorschriften anzuwenden sind.
- Sie kennen die Notwendigkeit der Rechnungsabgrenzung und ihre bilanzielle Erfassung.
- Sie können Rückstellungen und Verbindlichkeiten voneinander abgrenzen.
- Sie können die nach HGB zu bildenden Rückstellungsarten nennen, erläutern und mit praktischen Beispielen belegen.
- Sie wissen, wie Haftungsverhältnisse im handelsrechtlichen Jahresabschluss abzubilden sind.
- Sie können die bestehenden handelsrechtlichen Ansatzwahlrechte erläutern und die materiellen Konsequenzen der Wahlrechtsausübung aufzeigen.
- Sie kennen die handelsrechtlichen Bilanzierungsverbote.
- Sie wissen, was latente Steuern sind und warum sie entstehen und können die Ansatzvorschriften sowie den Anwenderkreis aufzeigen.

6.1 Begriffsbestimmung

Im Rahmen der Entscheidung, welche Sachverhalte in den Jahresabschluss einfließen und in welcher Form die Informationen dargestellt werden sollen, sind Vorschriften notwendig. Zu diesen, als

Abbildungsregeln bezeichneten Vorgaben, zählen Abgrenzungs-, Aggregations- und Gliederungs- sowie Bewertungsregeln.

Im ersten Schritt ist die Frage zu beantworten, welche materiellen Kriterien vorliegen müssen, damit ein Gegenstand bilanzierbar und unter welchen Umständen er dem Unternehmen zuzuordnen ist. Darüber hinaus ist zu berücksichtigen, ob für den betrachteten Posten nach handelsrechtlichen Vorschriften eine Bilanzierungspflicht, ein Bilanzierungswahlrecht oder ein Bilanzierungsverbot besteht[72]. Es ist mithin die Frage nach der sog. Bilanzierungsfähigkeit zu beantworten (**abstrakte** und **konkrete Bilanzierungsfähigkeit**). Dieses Vorgehen wird als Bilanzierung bzw. als Bilanzansatz dem Grunde nach bezeichnet. Je nach Bilanzierungsobjekt wird von Aktivierung (Aufnahme auf der Aktivseite der Bilanz) bzw. Passivierung (Aufnahme auf die Passivseite der Bilanz) gesprochen.

Wurde die Bilanzierungsfähigkeit festgestellt, ist im zweiten Schritt anhand der Aggregations- und Gliederungsregeln zu entscheiden, ob und zu welchen Gruppen die Bilanzierungsgegenstände zusammengefasst werden können und unter welcher Bezeichnung bzw. in welcher Reihenfolge sie aufgeführt werden sollen. Diese Gliederung ist so zu gestalten, dass sie den Anforderungen des Gesetzgebers an den Jahresabschluss entspricht, d. h. die Information der Adressaten unterstützt. Aus diesem Grund schreibt das Handelsrecht die Gliederung der Bilanz und der Gewinn- und Verlustrechnung für Kapitalgesellschaften gesetzlich vor. Im Rahmen des Ausweises werden mithin, anders als bei der Bilanzierung und auch bei der Bewertung, rein formale Entscheidungen getroffen, die zunächst keine direkten materiellen Wirkungen entfalten.

Im dritten Schritt muss anhand von Bewertungsregeln geklärt werden, mit welchem Wert die Bilanzierungsobjekte in die Bilanz eingehen. Es ist also die Frage hinsichtlich der Bewertung zu beantworten. Dies wird auch als Bilanzansatz der Höhe nach bezeichnet.

Die Vorschriften zur Bilanzierung nach handelsrechtlichen Vorschriften enthalten die §§ 246 bis 251 HGB. Der Systematik des Handelsgesetzbuches folgend sind diese Normen verbindlich von **allen bilanzierungspflichtigen Kaufleuten**, unabhängig von ihrer Rechtsform, anzuwenden. Für **Kapitalgesellschaften** werden diese Vorschriften durch zusätzliche Rechtsnormen ab § 264 HGB ergänzt. Zu nennen sind in diesem Zusammenhang z. B. die Vorschriften zum Ansatz latenter Steuern in § 274 HGB.

[72] Vgl. hierzu die Ausführungen an späterer Stelle.

6.2 Bilanzierungsgebote

6.2.1 Vollständigkeitsgebot

Bei der Erstellung des Jahresabschlusses ist grundsätzlich das **Vollständigkeitsgebot** des §246 Abs. 1 Satz 1 HGB zu beachten. So hat der Jahresabschluss regelmäßig **sämtliche Vermögensgegenstände**, **Schulden**, **Rechnungsabgrenzungsposten** sowie **Aufwendungen** und **Erträge** zu enthalten, es sei denn, gesetzlich ist etwas anderes bestimmt. Für bestimmte Bilanzposten, wie Geschäfts- oder Firmenwerte, Rückstellungen sowie Rechnungsabgrenzungsposten, enthalten die §§246 bis 251 HGB weitergehende Vorschriften, auf die im Folgenden eingegangen wird.

6.2.2 Rechtlicher und wirtschaftlicher Eigentümer

Mit §246 Abs. 1 Sätze 2 und 3 HGB wird klargestellt, in wessen Bilanz Vermögensgegenstände und Schulden aufzunehmen sind. Vermögensgegenstände sind grundsätzlich in der Bilanz des Eigentümers aufzunehmen. Ist ein Vermögensgegenstand jedoch nicht dem Eigentümer, sondern einem anderen wirtschaftlich zuzurechnen, hat dieser ihn in seiner Bilanz auszuweisen.[73] Diese Thematik kann beispielsweise bei Leasinggegenständen relevant sein. Schulden sind generell in die Bilanz des Schuldners aufzunehmen.

Beispiel zum wirtschaftlichen Eigentum
Die „J & B Ice GmbH" schließt am 01.11. einen Kaufvertrag mit der „LDE-GmbH" über weitere Einrichtungsgegenstände für die Geschäftsräume ab. Die Lieferung erfolgt am 30.11. Es wird vereinbart, dass die Ware bis zur vollständigen Bezahlung durch die „J & B Ice GmbH" im zivilrechtlichen Eigentum des Verkäufers verbleibt (Eigentumsvorbehalt). Da die Ware bereits an den Käufer übergeben wurde, ist dieser wirtschaftlicher Eigentümer. Folglich hat die „J & B Ice GmbH" die Vermögensgegenstände in ihren Büchern auszuweisen.

6.2.3 Entgeltlich erworbener Geschäfts- oder Firmenwert

Gemäß §246 Abs. 1 Satz 4 HGB besteht für einen entgeltlich erworbenen bzw. derivativen Geschäfts- oder Firmenwert (GoF) ein Bilanzierungsgebot. Ein entgeltlich erworbener GoF kann im Rahmen einer Übernahme eines Unternehmens durch ein anderes Unternehmen entstehen, wenn die für die Übernahme bewirkte Gegenleistung (i. d. R. Kaufpreis) den Wert der einzelnen Vermögensgegenstände

[73] Vgl. ausführlich *Briesemeister* (2021), Rz. 662–663.

des Unternehmens abzüglich der Schulden im Zeitpunkt der Übernahme übersteigt. Der Geschäfts- oder Firmenwert ist mithin der positive Unterschiedsbetrag zwischen Kaufpreis und (bilanziellem) Reinvermögen.

Ein GoF entsteht regelmäßig, wenn der Käufer neben den in der Bilanz ausgewiesenen Vermögensgegenständen weitere „Werte“ erwirbt, die nicht als Vermögen in der Bilanz (z. B. aufgrund handelsrechtlicher Bilanzierungsverbote) enthalten sind. Beispiele hierfür sind Synergiepotentiale, Mitarbeiter- und Managementfähigkeiten, Fertigungsverfahren, der Kundenstamm, das positive Image sowie Gewinnerwartungen des übernommenen Unternehmens. Einzeln betrachtet erfüllen diese „Werte“ nicht die Anforderungen an das Vorliegen eines Vermögensgegenstands. Mit § 246 Abs. 1 Satz 4 HGB fingiert das Handelsrecht jedoch für die Gesamtheit dieser „Werte“ in Form des entgeltlich erworbenen Geschäfts- oder Firmenwerts das Vorliegen eines zeitlich begrenzt nutzbaren Vermögensgegenstands. Dieser ist zwingend in der Bilanz des übernehmenden Unternehmens anzusetzen und entsprechend dem Gliederungsschema für die Aktivseite in § 266 Abs. 2 Buchst. A. Ziffer I. Nr. 3 HGB auszuweisen.

Angemerkt sei an dieser Stelle, dass eine Bilanzierungspflicht ausschließlich für einen entgeltlich erworbenen Geschäfts- oder Firmenwert besteht. Selbstverständlich entstehen „Werte“, wie ein Kundenstamm, das Know-how der Mitarbeiter u. ä., regelmäßig im Zeitablauf im Unternehmen. In diesem Fall ist von einem selbst geschaffenen Geschäfts- oder Firmenwert zu sprechen. Für diesen gilt, wie im entsprechenden Abschnitt zu den Bilanzierungsverboten noch einmal ausgeführt wird, ein Bilanzierungsverbot.[74]

Beispiel zur bilanziellen Abbildung von Geschäfts- und Firmenwerten
Annahmegemäß sei der Name „J & B Ice“ in 10 Jahren eine weltweit bekannte Marke für Eisprodukte und ihr könne ein Wert von 100.000.000 Euro zugeschrieben werden.

Aus der Sicht der „J & B Ice GmbH“ handelt es sich um einen originären Wert, der einem handelsrechtlichen Bilanzierungsverbot unterliegt. Die Position dürfte nicht in der Bilanz der GmbH ausgewiesen werden. Würde jedoch ein anderes Unternehmen die „J & B Ice GmbH“ aufgrund des Markennamens kaufen und dafür 80.000.000 Euro „mehr“ als das

[74] Vgl. ausführlich *Adrian* (2021), Rz. 3300–3399.

bilanzielle Reinvermögen zahlen, handelte es sich bei dem übernehmenden Unternehmen um einen entgeltlich erworbenen Geschäfts- oder Firmenwert, der nach handelsrechtlichen Grundsätzen im Zeitpunkt des Zugangs zu aktivieren, mit 80.000.000 Euro zu bewerten und über seine Nutzungsdauer planmäßig abzuschreiben wäre.

6.2.4 Rechnungsabgrenzung

Wie bereits im Rahmen der Ausführungen zur Buchführung und zu den GoB aufgezeigt wurde, ist grundsätzlich das Prinzip der Periodenabgrenzung gemäß §252 Abs. 1 Nr. 5 HGB zu beachten. Dementsprechend sind Aufwendungen und Erträge des Geschäftsjahres unabhängig von den Zeitpunkten der entsprechenden Zahlungen im Jahresabschluss zu berücksichtigen.

Für **Ausgaben vor** dem Abschlussstichtag, die **Aufwand** für einen Zeitraum **nach** diesem darstellen, ist gemäß §250 Abs. 1 HGB zwingend ein **aktiver Rechnungsabgrenzungsposten** (ARAP) zu bilden. Für **Einnahmen vor** dem Abschlussstichtag, die **ertragsmäßig** einem Zeitraum **nach** diesem zuzurechnen sind, ist nach §250 Abs. 2 HGB ein **passiver Rechnungsabgrenzungsposten** (PRAP) zu bilanzieren. Beispiele sind Geschäftsfälle, bei denen Aufwendungen bzw. Erträge im Zusammenhang mit Miet- und Pachtverhältnissen, Versicherungsverträgen u. ä. stehen. Derartige Posten haben nicht den Charakter von Vermögensgegenständen oder Schulden, sondern als Posten eigener Art ausschließlich die Funktion des zeitlich korrekten Erfolgsausweises. Aufgrund dieser Eigenschaft werden diese Posten als **transitorisch** bezeichnet.

Abzugrenzen davon sind Geschäftsfälle, bei denen die **Erfolgswirkung vor** dem Abschlussstichtag eintritt, die zugehörige **Ausgabe oder Einnahme danach** erfolgt. Derartige Posten werden **antizipativ** genannt. Das zeitliche Auseinanderfallen von Erfolgswirkung und Ausgabe bzw. Einnahme wird bei diesem zeitlichen Ablauf nicht als Rechnungsabgrenzungsposten, sondern durch die Bilanzierung von **Forderungen** bzw. **Verbindlichkeiten** abgebildet.

Der Ausweis aktiver Rechnungsabgrenzungsposten erfolgt lt. §266 Abs. 2 HGB unter der Position C., der passiver Rechnungsabgrenzungsposten gemäß §266 Abs. 3 HGB unter der Position D.

Nicht verpflichtend, sondern wahlweise als Rechnungsabgrenzungsposten zu bilanzieren ist ein Unterschiedsbetrag aus der Aufnahme von Verbindlichkeiten (Disagio). Auf diesen Bilanzposten wird im Abschnitt „Bilanzierungswahlrechte“ genauer eingegangen.

6.2.5 Rückstellungen

Grundsätzlich ist die Ansatzpflicht für Rückstellungen bereits mit dem Vollständigkeitsgebot des § 246 Abs. 1 Satz 1 HGB gegeben. § 249 HGB enthält ergänzende Vorschriften zum Ansatz von Rückstellungen, insbesondere zu den Arten von Rückstellungen, die nach handelsrechtlichen Grundsätzen zwingend zu bilden sind.

Der Begriff der Rückstellungen wird nicht im Gesetz definiert. Rückstellungen sind immer dann zu bilden, wenn eine Ausgabe mit hinreichender Wahrscheinlichkeit in späteren Perioden ansteht, der zugehörige Aufwand jedoch der laufenden Rechnungsperiode zuzurechnen, d. h. in dieser wirtschaftlich verursacht, ist.

Die **Notwendigkeit** zur Erfassung von Rückstellung ergibt sich aus den Grundsätzen ordnungsmäßiger Buchführung, insbesondere dem Anspruch, dass der Jahresabschluss die Vermögens-, Finanz- und Ertragslage des Unternehmens richtig wiedergeben soll sowie aus dem **Vorsichts- und Imparitätsprinzip** des § 252 Abs. 1 Nr. 4 HGB, verbunden mit dem Grundsatz der Periodenabgrenzung des § 252 Abs. 1 Nr. 5 HGB. Durch die Rückstellungen soll ein korrekter Ausweis der Schulden und des damit verbundenen Aufwands bzw. Ertrags erreicht werden.

Der Kaufmann darf jedoch die Rückstellungsbildung nicht wahllos, sondern ausschließlich im Rahmen der in § 249 Abs. 1 HGB genannten Rückstellungsarten vornehmen. Hierzu zählen Rückstellungen für

- **ungewisse Verbindlichkeiten** (§ 249 Abs. 1 Satz 1 HGB),
- **drohende Verluste aus schwebenden Geschäften** (§ 249 Abs. 1 Satz 1 HGB),
- im Geschäftsjahr **unterlassene Aufwendungen für Instandhaltung**, die im folgenden Geschäftsjahr innerhalb von **drei Monaten nachgeholt** werden (§ 249 Abs. 1 Satz 2 Nr. 1 HGB),
- im Geschäftsjahr **unterlassene Aufwendungen für Abraumbeseitigung**, die im folgenden Geschäftsjahr nachgeholt werden (§ 249 Abs. 1 Satz 2 Nr. 1 HGB) sowie
- **Gewährleistungen, die ohne rechtliche Verpflichtung** (kulanzweise) erbracht werden (§ 249 Abs. 1 Satz 2 Nr. 2 HGB).

! Ungewisse Verbindlichkeiten, drohende Verluste aus schwebenden Geschäften und Gewährleistungen sind Verpflichtungen gegenüber Dritten. Sie werden daher als **Außenverpflichtungen** bezeichnet. Bei unterlassenen Aufwendungen für Instandhaltung und Abraumbeseitigung bestehen keine Verpflichtungen gegenüber Dritten. Eine Verpflichtung besteht, wenn überhaupt, nur in einer „Selbstverpflichtung", diese Maßnahmen im nachfolgenden Geschäftsjahr durchzuführen. Sie werden daher auch als **Innenverpflichtungen** bezeichnet.

Für andere als die in §249 Abs.1 HGB genannten Zwecke dürfen Rückstellungen nicht gebildet werden. Dies schreibt §249 Abs.2 Satz 1 HGB ausdrücklich vor. Auch diese Vorschrift dient dem Anspruch auf wahrheitsgemäße Darstellung der wirtschaftlichen Situation des Unternehmens.

Rückstellungen für ungewisse Verbindlichkeiten sind grundsätzlich Schulden, bei denen der Eintritt der Verpflichtung gegenüber Dritten nicht völlig gewiss, jedoch hinreichend wahrscheinlich ist und/oder die Höhe der Inanspruchnahme noch nicht genau bestimmt werden kann, da ihr Eintritt erst in einer zukünftigen Periode erfolgt. Diese Ungewissheit grenzt sie von den Verbindlichkeiten ab, bei denen der Eintritt sicher ist.

Voraussetzungen für die Bildung der Rückstellungen sind, dass

- eine Mindestwahrscheinlichkeit besteht, dass die Verpflichtungen bis zum Bilanzstichtag (rechtlich oder wirtschaftlich) **verursacht** sind bzw. dass ihr **Be- oder Entstehen gegenüber Dritten** vorliegt und
- mit der **tatsächlichen Inanspruchnahme ernsthaft zu rechnen** ist.

Die Beurteilung des Vorliegens beider Tatbestände ist regelmäßig mit subjektiven Schätzungen und dem Rückgriff auf Erfahrungswerte verbunden. Nur wenn mehr für als gegen das Be- oder Entstehen der Verbindlichkeit und die tatsächliche Inanspruchnahme spricht, ist die Bildung einer Rückstellung handelsrechtlich zulässig und geboten. Darüber hinaus darf für die mit den ungewissen Verbindlichkeiten einhergehenden künftigen Ausgaben zum Zeitpunkt ihrer Entstehung keine Aktivierungspflicht bestehen.

Zu den Rückstellungen für ungewisse Verbindlichkeiten rechnen beispielsweise

- Pensionsrückstellungen,
- Rückstellungen für gesetzliche oder vertraglich vereinbarte Garantie- bzw. Gewährleistungsleistungen,
- Prozesskostenrückstellungen,
- Rückstellungen für Urlaubsansprüche der Mitarbeiter, Jubiläumszuwendungen, Boni und Gratifikationen sowie Abfindungen,
- Rückstellungen für Schutzrechtsverletzungen,
- Rückstellungen für Buchführungs-, Jahresabschluss- und Prüfungskosten sowie
- Steuerrückstellungen.

Unter **Altersversorgungs- bzw. Pensionsverpflichtungen** können in Anlehnung an §1 Abs.1 Satz 1 BetrAVG solche Verpflichtungen verstanden werden, die für einen Bilanzierenden (Arbeitgeber) aus Anlass eines Arbeitsverhältnisses (gegenüber einem Arbeitnehmer oder einer anderen berechtigten Person) aufgrund einer zugesagten Leistung der Alters-, Invaliditäts- oder Hinterbliebenenversorgung entstehen. Daraus resultierend sind Rückstellungen zu bilden, um diese künftigen Verpflichtungen erfüllen zu können. Charakteristisch für derartige Leistungen ist das Versprechen des Versorgungsgebers, ab dem Eintritt des Versorgungsfalls (z.B. Erreichen der Altersgrenze, Krankheit, Invalidität, Tod) eine einmalige oder wiederkehrende Zahlung an den Versorgungsnehmer vorzunehmen, ohne dass dieser ab diesem Zeitpunkt zu einer Gegenleistung verpflichtet ist.

Zu den Verpflichtungen zählen die klassischen Betriebsrenten, Altersteilzeitverpflichtungen und Verpflichtungen aus Lebensarbeitszeitmodellen. Auch Leistungen zu Dienstjubiläen, Krankheitsbeihilfen und Sterbegelder sind in diesen Bereich einzuordnen, ebenso wie Verpflichtungen aus Vorruhestandsregelungen, Übergangsgeldern und Treuegeldvereinbarungen.

Gemäß §1 Abs.1 Satz 2 BetrAVG kann die Durchführung der betrieblichen Altersversorgung unmittelbar über den Arbeitgeber oder mittelbar über einen externen Versorgungsträger (Pensionskasse, Pensionsfonds, Unterstützungskasse) erfolgen. Im Fall einer unmittelbaren (direkten) Zusage ist der Arbeitgeber selbst verpflichtet, die zugesagte Leistung zu erbringen; im Fall der mittelbaren Zusage ist dies der externe Versorgungsträger. Nur für eine unmittelbare Zusage besteht die Pflicht zur Rückstellungbildung gemäß §249 Abs.1 Satz 1 HGB. Für mittelbare Zusagen (soweit eine vollständige Deckung der Leistungsansprüche besteht) erfolgt regelmäßig nur die aufwandswirksame Verbuchung der Beiträge.

Rückstellungen sind ab dem Zeitpunkt des Bestehens einer Verpflichtung für den Versorgungsgeber zu bilden. Davon ist dann auszugehen, wenn die Willenserklärung an den Versorgungsempfänger gerichtet wird. Dies wird regelmäßig detailliert vertraglich und somit zeitlich bestimmt geregelt sein. Aber auch wenn noch keine rechtsverbindliche Zusage erfolgt ist, diese jedoch hinreichend konkret in Aussicht gestellt wurde oder wirtschaftlich unvermeidbar ist, muss eine Rückstellungsbildung erfolgen.

Steuerrückstellungen sind für betrieblich verursachte Steuern, insbesondere die Körperschaftsteuer bei Kapitalgesellschaften sowie die Gewerbesteuer, zu bilden, solange noch keine Steuerbescheide vorliegen. Sobald Steuerbescheide ergangen sind, ist die Steuerschuld nicht mehr ungewiss und daher als Verbindlichkeit zu erfassen. Im Fall der Umsatzsteuer sind auch ohne das Vorliegen eines Steuerbescheids Verbindlichkeiten statt Rückstellungen zu bilden, da es sich bei dieser um eine Selbstveranlagungssteuer handelt. Für private Steuern, z.B. die Einkommensteuer des Einzelunternehmers, dürfen grundsätzlich keine Rückstellungen gebildet werden.

Rückstellungen für drohende Verluste aus schwebenden Geschäften gemäß § 249 Abs. 1 Satz 1 HGB sind zu bilden, sobald nachhaltige Anhaltspunkte gegeben sind, dass die noch zu erbringende Gegenleistung des Vertragspartners aus einem Außengeschäft nicht der noch vom Unternehmen zu erbringenden Leistung entsprechen wird und daher mit einem Verlust zu rechnen ist. Das Verpflichtungsgeschäft muss also bereits rechtskräftig bestehen, sämtliche Erfüllungsgeschäfte müssen jedoch noch ausstehen.

Voraussetzungen für die Bildung derartiger Rückstellungen sind mithin, dass

- am Bilanzstichtag ernsthaft mit dem tatsächlichen Eintritt eines Verlusts
- aus einem schwebenden Geschäft

zu rechnen ist.

Für die Beurteilung, ob mit einem Verlust ernsthaft zu rechnen ist, müssen konkrete Tatsachen bzw. Anhaltspunkte gegeben sein. U. U. kommt eine Beurteilung nicht ohne (subjektive) Schätzungen und Wahrscheinlichkeitsbetrachtungen aus.

Exkurs

Grundsätzlich ist zu klären, ob der Verlust durch eine außerplanmäßige Abschreibung gemäß § 253 Abs. 3 und 4 HGB antizipiert werden kann. Ist die Vornahme einer außerplanmäßigen Abschreibung nicht möglich, da die Bilanzierung des Vermögensgegenstands beim Unternehmen noch nicht erfolgt ist, ist fiktiv zu prüfen, ob die Voraussetzungen für die Vornahme einer Abschreibung gegeben wären. Einen Orientierungsrahmen für die Beurteilung des Vorliegens eines Verlusts stellen mithin die Vorschriften für die Vornahme außerplanmäßiger Abschreibungen gemäß § 253 Absätze 3 und 4 HGB dar.

Bei der Beschaffung von Umlaufvermögen lässt sich auf den Unterschied zwischen dem vereinbarten Bezugspreis und dem Börsen- bzw. Marktpreis am Bilanzstichtag bzw. dem Preis am Absatzmarkt abstellen. Bei der Beschaffung von Anlagevermögen droht ein Verlust, wenn bei einem vergleichbaren bilanzierten Vermögensgegenstand eine voraussichtlich dauernde Wertminderung vorläge.

Bei Absatzgeschäften kann von einem Verlust ausgegangen werden, wenn der vereinbarte Verkaufspreis unter den Selbstkosten des Absatzproduktes liegt.

Rückstellungen für unterlassene Instandhaltungsaufwendungen nach § 249 Abs. 1 Satz 2 Nr. 1 HGB sind zu bilden, wenn eine vorgesehene bzw. notwendige Reparatur, Inspektion oder Wartung von

Vermögensgegenständen des Anlagevermögens nicht innerhalb des Geschäftsjahres durchgeführt wurde, diese aber innerhalb der ersten drei Monate des folgenden Geschäftsjahres nachgeholt und weitgehend abgeschlossen wird.

Auf den Grund des Unterlassens kommt es nicht an – er kann betriebsintern (z. B. laufende, nicht zu unterbrechende Produktionsprozesse, umfangreiche Terminaufträge, fehlende finanzielle Mittel) oder betriebsextern (z. B. Genehmigungsverfahren bei Behörden, Terminierung bei ausführenden Unternehmen) sein.

Die Durchführung der geplanten Maßnahme innerhalb des Dreimonatszeitraums muss am Bilanzstichtag als wahrscheinlich eingeschätzt werden.

Darüber hinaus muss es sich um aufwandswirksame Maßnahmen handeln, die den Vermögensgegenstand wieder in einen Zustand versetzen, der für seine betriebliche Nutzung erforderlich ist, beispielsweise die Beseitigung von Schäden, die durch Verschleiß bzw. Abnutzung verursacht wurden. Durch die Maßnahmen darf keine Erweiterung oder eine über seinen ursprünglichen Zustand hinausgehende wesentliche Verbesserung des Vermögensgegenstands resultieren.

Beispiel zur bilanziellen Abbildung von Rückstellungen für unterlassene Instandhaltungen

Die „J & B Ice GmbH“ lässt ihre Kaffeemaschine einmal jährlich vom Serviceteam des Herstellers warten. Der Aufwand beträgt regelmäßig 500 Euro. Im Jahr 02 kann die Wartung aufgrund von Terminschwierigkeiten beim Hersteller nicht turnusgemäß erfolgen. Stattdessen werden die Arbeiten im Februar 03 nachgeholt und aller Voraussicht nach auch abgeschlossen; eine schriftliche Terminbestätigung liegt vor.

Da die Nachholung im ersten Quartal des nachfolgenden Jahres wahrscheinlich ist, ist der Aufwand durch die Bildung einer Rückstellung für unterlassene Instandhaltungsaufwendungen zwingend dem Geschäftsjahr 02 zuzuordnen.

Nach § 249 Abs. 1 Satz 2 Nr. 1 HGB sind auch **Rückstellungen für im Geschäftsjahr unterlassene Aufwendungen für Abraumbeseitigungen**, die im folgenden Geschäftsjahr nachgeholt werden, zu bilden. Anwendung findet diese Art von Rückstellungen insbesondere bei Bergwerks- oder Steinbruchunternehmen. Von der genannten Vorschrift werden solche Maßnahmen erfasst, die ohne rechtliche Verpflichtung vorgenommen werden. Ist das Unternehmen gesetzlich oder vertraglich zur Abraumbeseitigung verpflichtet, sind für die

Verpflichtungen hieraus zwingend Rückstellungen für ungewisse Verbindlichkeiten zu bilden.

Die Bilanzierung von Rückstellungen für Abraumbeseitigung darf, ebenso wie die von Instandhaltungsrückstellungen, nur vorgenommen werden, wenn am Bilanzstichtag mit einer entsprechend hohen Wahrscheinlichkeit von der Durchführung der eigentlich im abgelaufenen Geschäftsjahr erforderlichen, aufwandswirksamen Maßnahmen auszugehen ist.

Gewährleistungsrückstellungen sind zu bilden, wenn der Anspruch auf eine gesetzliche Vorschrift, wie die §§433 bis 442 BGB oder §§633 bis 638 BGB, zurückzuführen ist. Diese Rückstellungen sind denen für ungewisse Verbindlichkeiten im Sinne des §249 Abs. 1 Satz 1 HGB zuzuordnen. Rückstellungen für Gewährleistungen ohne rechtliche Verpflichtung nach §249 Abs. 1 Satz 2 Nr. 2 HGB sind zum Bilanzstichtag für solche Leistungen zu bilden, auf die der Empfänger keinen Rechtsanspruch hat, da sie außerhalb des gesetzlichen bzw. vertraglich vereinbarten Umfangs erbracht werden, die aber mit einem früheren Rechtsgeschäft in Zusammenhang stehen und zu denen das Unternehmen faktisch, sei es aus sittlichen oder wirtschaftlichen Gründen, verpflichtet ist. Diese Art von Rückstellung wird daher auch als Kulanzrückstellung bezeichnet.

Rückstellungen müssen gemäß §249 Abs. 2 Satz 2 HGB **aufgelöst** werden, wenn der Grund für ihre Bildung am Bilanzstichtag weggefallen ist oder – rückwirkend betrachtet – von Beginn an nicht bestand. Dies kann durch eine tatsächliche Inanspruchnahme der Fall sein. Der Vorgang ist erfolgsneutral zu buchen. Soweit der Grund der Rückstellungsbildung weggefallen ist, weil keine bzw. eine nicht vollumfängliche Inanspruchnahme erfolgt ist oder der Grund nicht bestanden hat, ist die Auflösung erfolgswirksam vorzunehmen. Der Wegfall des Grundes kann bei Rückstellungen für ungewisse Verbindlichkeiten damit begründet werden, dass mit einem sicheren oder wahrscheinlichen Be- bzw. Entstehen einer Verbindlichkeit und einer Inanspruchnahme daraus nicht mehr zu rechnen ist. Gleiches gilt, wenn eine Verpflichtung ihrer Höhe nach nunmehr gewiss ist. In diesem Fall ist die gebildete Rückstellungsposition aufzulösen und eine Verbindlichkeit zu passivieren. Rückstellungen für drohende Verluste aus schwebenden Geschäften sind aufzulösen, wenn ein Rechtsgeschäft, auf dessen Grundlage die Rückstellung gebildet wurde, zum Bilanzstichtag nicht mehr als schwebend zu beurteilen bzw. die Verlusteintrittswahrscheinlichkeit nicht mehr entsprechend gegeben ist. Aufwandsrückstellungen sind aufzulösen, wenn ihre Zweckbestimmung erfüllt ist oder der vorgesehene Zeitraum abgelaufen ist.

Der **Ausweis** von Rückstellungen erfolgt auf der Passivseite der Bilanz. Das Gliederungsschema des §266 Abs. 3 HGB gibt unter dem Buchstaben B. drei Kategorien – Nr. 1: Rückstellungen für Pensionen und ähnliche Verpflichtungen, Nr. 2: Steuerrückstellungen und Nr. 3: Sonstige Rückstellungen – vor.

6.2.6 Haftungsverhältnisse

Gemäß §251 Satz 1 HGB sind im Jahresabschluss auch Verbindlichkeiten aus der Begebung und Übertragung von Wechseln, aus Bürgschaften, Wechsel- und Scheckbürgschaften und aus Gewährleistungsverträgen sowie Haftungsverhältnisse aus der Bestellung von Sicherheiten für fremde Verbindlichkeiten zu vermerken.

Der **Ausweis** derartiger Sachverhalte hat nicht auf der Passivseite, sondern unter der Bilanz zu erfolgen, soweit nicht bereits, z. B. aus einer Inanspruchnahme des Bürgen, eine Passivierungspflicht als Verbindlichkeit besteht. Die einzelnen Positionen dürfen in einem Betrag angegeben werden. Nach §251 Satz 2 HGB sind Haftungsverhältnisse auch anzugeben, wenn ihnen gleichwertige Rückgriffsforderungen gegenüberstehen.

Beispiel zu Haftungsverhältnissen

Die „J & B Ice GmbH" hat im Jahr 01 für einen Lieferanten eine Bürgschaft für ein von diesem aufgenommenes Darlehen über 20.000 Euro abgegeben. Eine tatsächliche Leistungsverpflichtung gegenüber der kreditgebenden Bank besteht für die „J & B Ice GmbH" nur, wenn der Lieferant seiner Darlehensverpflichtung nicht nachkommt. Am Bilanzstichtag des Jahres 01 besteht die Darlehensschuld noch i. H. v. 15.000 Euro. Bisher ist der Lieferant seinen Zahlungsverpflichtungen immer pünktlich nachgekommen.

Da die „J & B Ice GmbH" bisher nicht aus der Bürgschaft in Anspruch genommen wurde, hat sie keine Verbindlichkeit zu passivieren. Vielmehr ist die Bürgschaft gemäß § 251 HGB mit dem Haftungsbetrag am Bilanzstichtag, d. h. mit 15.000 Euro, unter der Bilanz auszuweisen.

6.3 Bilanzierungswahlrechte

6.3.1 Überblick

Bilanzierungs- bzw. Ansatzwahlrechte bieten dem Bilanzierenden grundsätzlich die Möglichkeit, zu entscheiden, ob ein bestimmter Posten in die Bilanz aufgenommen werden soll oder nicht. Dies führt zu unterschiedlichen Erfolgswirkungen. Bilanzierungswahlrechte können sowohl für Aktivposten (Aktivierungswahlrecht) als auch für

Passivposten (Passivierungswahlrecht) gegeben sein. Wird im Rahmen eines Aktivierungswahlrechts eine Aktivierung vorgenommen, führt dies im Zeitpunkt der Wahlrechtsausübung regelmäßig zu einem höheren Gewinnausweis gegenüber einer Nichtaktivierung. Im Fall eines Passivierungswahlrechts tritt die entgegengesetzte Wirkung ein – im Fall der wahlweisen Passivierung wird eine Minderung des Gewinns erreicht.

Das HGB enthält aktuell die folgenden Bilanzierungswahlrechte, die ausschließlich die Aktivseite der Bilanz betreffen:

- gemäß §248 Abs. 2 Satz 1 HGB für selbst geschaffene immaterielle Vermögensgegenstände des Anlagevermögens,
- nach §250 Abs. 3 HGB bei einer Darlehensaufnahme für einen Unterschiedsbetrag zwischen Ausgabe- und Erfüllungsbetrag (Agio, Disagio) sowie
- gemäß §274 Abs. 1 Satz 2 HGB für einen Überhang aktiver latenter Steuern.

Darüber hinaus besteht ein Wahlrecht für sog. geringst- und geringwertige Wirtschaftsgüter (GWG), diese im Jahr ihrer Anschaffung bzw. Herstellung vollständig abzuschreiben oder zu aktivieren und planmäßig über ihre voraussichtliche Nutzungsdauer abzuschreiben. Dieses, aus dem Steuerrecht stammende Wahlrecht ist im Handelsrecht nicht explizit verankert; seine Anwendung für die Handelsbilanz gilt jedoch als GoB-konform und ist damit zulässig. Weitere Ausführungen zu diesem Wahlrecht erfolgen im Kontext der Darstellung der planmäßigen Abschreibungen.

6.3.2 Selbst geschaffene immaterielle Vermögensgegenstände des Anlagevermögens

Während für alle materiellen Vermögensgegenstände des Anlage- und des Umlaufvermögens, für alle immateriellen Vermögensgegenstände des Umlaufvermögens sowie für alle entgeltlich erworbenen immateriellen Vermögensgegenstände des Anlagevermögens eine aus §246 Abs. 1 Satz 1 HGB abzuleitende Ansatzpflicht besteht, enthält §248 Abs. 2 Satz 1 HGB ein Bilanzierungswahlrecht für selbst geschaffene immaterielle Vermögensgegenstände des Anlagevermögens.

Da Forschungskosten gemäß §255 Abs. 2 Satz 4 i. V. m. Abs. 2a Satz 1 HGB grundsätzlich nicht in die Herstellungskosten einbezogen werden dürfen, kann das Wahlrecht erstmalig ausgeübt werden, wenn sich das Unternehmen **bereits in der Entwicklungsphase befindet**. Was unter den Begriffen Forschung und Entwicklung zu verstehen ist, regeln die Sätze 2 bis 4 des §255 Abs. 2a HGB. Demnach ist Forschung „(...) die eigenständige und planmäßige Suche nach neuen wissenschaftlichen oder technischen Erkenntnissen oder Erfahrungen allgemeiner Art, über deren technische Verwertbarkeit und wirtschaftliche Erfolgsaussichten grundsätzlich keine Aussagen gemacht werden können." Entwicklung hingegen „(...) ist die Anwendung von Forschungsergebnissen oder von anderem Wissen für die Neuentwicklung von Gütern oder Verfahren oder die Weiterentwicklung von Gütern oder Verfahren mittels wesentlicher Änderungen." „Können Forschung und Entwicklung nicht verlässlich voneinander unterschieden werden, ist eine Aktivierung ausgeschlossen."

! Übt ein Unternehmen das Wahlrecht des § 248 Abs. 2 Satz 1 HGB so aus, dass derartige Vermögensgegenstände als Aktivposten in die Bilanz aufgenommen werden, werden Aufwendungen für deren Entwicklung nicht sofort in voller Höhe, sondern durch planmäßige Abschreibungen über die voraussichtliche Nutzungsdauer verteilt aufwandswirksam. Dies führt im Jahr der Bilanzierung zu einem höheren Gewinnausweis gegenüber einer sofortigen vollständigen Aufwandserfassung. In den Jahren der voraussichtlichen Nutzung verkehrt sich dieser Effekt aufgrund der planmäßigen Abschreibungen ins Gegenteil.

Im Zusammenhang mit der Ausübung von Bilanzierungswahlrechten ist auf das grundsätzlich zu beachtende Gebot der **Ansatzstetigkeit** des § 246 Abs. 3 HGB hinzuweisen. So kann von auf den vorhergehenden Jahresabschluss angewandten Ansatzmethoden nicht ohne Weiteres abgewichen werden. Ausnahmen sind nur im engen Rahmen der §§ 246 Abs. 3 Satz 2 i. V. m. 252 Abs. 2 HGB möglich. Im Fall des Wahlrechts für selbst geschaffene immaterielle Vermögensgegenstände des Anlagevermögens bedeutet dies, dass der Kaufmann im Zeitpunkt des erstmaligen Auftretens eines solchen Sachverhalts eine Entscheidung für oder gegen die Bilanzierung treffen muss, von der er auch an folgenden Bilanzstichtagen nicht ohne Weiteres abweichen darf bzw. die i. d. R. auch für zukünftige vergleichbare Sachverhalte anzuwenden ist.

Im Fall der Bilanzierung selbst geschaffener immaterieller Vermögensgegenstände des Anlagevermögens ist die **Ausschüttungssperre** nach § 268 Abs. 8 Satz 1 HGB zu beachten. Nach dieser Vorschrift dürfen „(...) Gewinne nur ausgeschüttet werden, wenn die nach der Ausschüttung verbleibenden frei verfügbaren Rücklagen zuzüglich eines Gewinnvortrags und abzüglich eines Verlustvortrags mindestens den insgesamt angesetzten Beträgen abzüglich der hierfür gebildeten passiven latenten Steuern entsprechen."

Der **Ausweis** selbst geschaffener immaterieller Vermögensgegenstände des Anlagevermögens erfolgt gemäß § 266 Abs. 2 HGB unter Buchstabe A, Ziffer I, Nr. 1.

6.3.3 Disagio

Grundsätzlich ist handelsrechtlich das Prinzip der Periodenabgrenzung gemäß § 252 Abs. 1 Nr. 5 HGB zu beachten. Diesem Grundsatz folgend sind für Ausgaben bzw. Einnahmen vor dem Abschlussstichtag, die jedoch als Aufwand bzw. Ertrag für einen Zeitraum nach diesem zu behandeln sind, aktive bzw. passive Rechnungsabgrenzungsposten im Sinne des § 250 Abs. 1 und 2 HGB zu bilden.

! Wird bei Abschluss eines Darlehensvertrags vereinbart, dass der Ausgabebetrag geringer ist als der Erfüllungsbetrag der Verbindlichkeit, ist also die Zahlung eines Disagios (Abgelds) vertraglich vereinbart, stellt dies eine Vorauszahlung von Zinsen dar, die grundsätzlich der gesamten Darlehenslaufzeit zugerechnet werden können.

Der Unterschiedsbetrag aus der Aufnahme von Verbindlichkeiten ist also eine Ausgabe vor dem Abschlussstichtag, die den Charakter eines Aufwands für einen Zeitraum nach diesem hat. In diesem Fall besteht nach § 250 Abs. 3 HGB ein Aktivierungswahlrecht: Die Differenz darf im Zeitpunkt der Darlehensaufnahme als aktiver Rechnungsabgrenzungsposten bilanziert werden. Dieser muss anschließend planmäßig jährlich aufgelöst werden. Dabei darf die Auflösung auf die gesamte Laufzeit der Verbindlichkeit verteilt werden; kürzere Zeiträume, z. B. ein erster Zinsbindungszeitraum, sind möglich. Alternativ zur Bilanzierung darf der Betrag auch im Jahr der Darlehensaufnahme vollständig aufwandswirksam erfasst werden.

Übt ein Unternehmen das Wahlrecht des § 250 Abs. 3 HGB so aus, dass ein Disagio bei Darlehensaufnahme als Rechnungsabgrenzungsposten aktiviert wird, verteilt sich der Aufwand durch die anschließende planmäßige Auflösung über mehrere Geschäftsjahre. Dies führt im Jahr der Bilanzierung zu einem höheren Gewinnausweis gegenüber einer sofortigen vollständigen Aufwandserfassung. In den Folgejahren verkehrt sich der Effekt durch die Auflösung ins Gegenteil.

Beispiel zur bilanziellen Behandlung eines Disagios

Die „J & B Ice GmbH" hat zu Beginn des Jahres 02 ein Darlehen über 10.000 Euro mit einer Laufzeit von 4 Jahren und einem Zinssatz von 2 % aufgenommen. Darüber hinaus wurde die Zahlung eines Disagios i. H. v. 2 % des Darlehensbetrages vereinbart, welches von der kreditgebenden Bank direkt einbehalten wird. Auf das Bankkonto der „J & B Ice GmbH" werden dementsprechend 9.800 Euro ausgezahlt. Die Rückzahlung des Darlehens in Höhe des Erfüllungsbetrags von 10.000 Euro ist am Ende der Laufzeit in einer Summe fällig.

Für das Darlehen besteht nach §246 Abs. 1 Satz 1 HGB ein Bilanzierungsgebot. Es ist daher zwingend in der Bilanz der „J & B Ice GmbH" auszuweisen; und zwar mit dem Erfüllungsbetrag von 10.000 Euro. Für das Disagio i. H. v. 200 Euro steht der „J & B Ice GmbH" nach §250 Abs. 3 HGB ein Bilanzierungswahlrecht zur Verfügung.

Für den Fall, dass die „J & B Ice GmbH" im Jahr der Darlehensaufnahme einen möglichst hohen Gewinnausweis anstrebt, sollte sie das Disagio als Rechnungsabgrenzungsposten aktivieren. Bei einer planmäßigen Auflösung über die Darlehenslaufzeit von 4 Jahren werden in den Jahren 02 bis 05 jeweils 50 Euro aufwandswirksam.

Sollte die „J & B Ice GmbH" im Geschäftsjahr 02 einen möglichst geringen Gewinnausweis anstreben, ist das Disagio i. H. v. 2.000 Euro im Jahr der Darlehensaufnahme vollständig als Aufwand zu erfassen.

Aufgrund des Gebots der Ansatzstetigkeit des §246 Abs. 3 HGB muss eine derartige Bilanzierungsentscheidung regelmäßig für alle Darlehensaufnahmen einheitlich getroffen werden. Auch darf die Entscheidung nur im Jahr einer (erstmaligen) Darlehensaufnahme mit Disagio, nicht hingegen nachträglich und nur für den gesamten Unterschiedsbetrag einheitlich getroffen werden kann.

6.4 Bilanzierungsverbote

Ausnahmen vom Vollständigkeitsgebot des §246 Abs. 1 Satz 1 HGB stellen die explizit im HGB festgeschriebenen Bilanzierungsverbote dar. Diese bestehen

- (orientiert an §246 Abs. 1 Satz 4 HGB) für originäre, d. h. selbst geschaffene Geschäfts- oder Firmenwerte,
- nach §248 Abs. 1 HGB für Aufwendungen für die Gründung eines Unternehmens, für die Beschaffung des Eigenkapitals und für den Abschluss von Versicherungsverträgen sowie
- gemäß §248 Abs. 2 Satz 2 HGB für selbst geschaffene Marken, Drucktitel, Verlagsrechte, Kundenlisten oder vergleichbare immaterielle Vermögensgegenstände des Anlagevermögens.

6.5 Latente Steuern

Nach §274 Abs. 1 Satz 1 HGB entstehen latente Steuern grundsätzlich, wenn „(...) zwischen den handelsrechtlichen Wertansätzen von Vermögensgegenständen, Schulden und Rechnungsabgrenzungsposten und ihren steuerlichen Wertansätzen Differenzen [bestehen], die sich in späteren Geschäftsjahren voraussichtlich abbauen (...)". Sie ergeben sich beim Vergleich des HGB-Abschlusses und einer daraus resultierenden fiktiven Steuerschuld mit dem Ansatz und der Bewertung in der Steuerbilanz und der entsprechenden Ertragsteuerbelastung.

Ist aufgrund dieser Differenzen insgesamt zukünftig mit einer Steuerentlastung zu rechnen, darf nach §274 Abs. 1 Satz 2 HGB eine aktive latente Steuer angesetzt werden. Das Aktivierungswahlrecht erstreckt sich grundsätzlich nur auf den Überhang aktiver über die passiven latenten Steuern – d. h. auf den „Nettobetrag". Eine zukünftige Steuerbelastung führt zwingend zu einem Passivierungsgebot.

Durch die Formulierung „insgesamt" ist grundsätzlich von einem saldierten Ausweis von aktiven und passiven Steuern auszugehen. §274 Abs. 1 Satz 3 HGB erlaubt jedoch auch, dass die sich ergebende Steuerbelastung (passive latente Steuer) und die sich ergebende Steuerentlastung (aktive latente Steuer) unverrechnet angesetzt werden. Der Ausweis aktiver latenter Steuern erfolgt nach dem Gliederungsschema für die Aktivseite der Bilanz nach §266 Abs. 2 HGB unter der Position D.

Eine Steuerentlastung entsteht, wenn Erträge handelsrechtlich später bzw. Aufwendungen handelsrechtlich früher erfasst werden als steuerlich. Gleiches gilt für Fälle, in denen Vermögensgegenstände nicht handelsbilanziell, jedoch steuerbilanziell bzw. Schulden nur handelsbilanziell, nicht hingegen steuerbilanziell angesetzt werden oder Vermögensgegenstände handelsbilanziell niedriger bzw. Schulden handelsbilanziell höher bewertet werden als steuerbilanziell.

Die Aktivierung nur eines Teilbetrags der aktiven latenten Steuern ist nicht möglich. Auch muss die Ausübung des Bilanzierungswahlrechts aufgrund der Grundsätze der Ansatzstetig nach §246 Abs. 3 HGB (Ansatz oder Verzicht) sowie der Ausweisstetigkeit gemäß §265 Abs. 1 Satz 1 HGB im Zeitablauf einheitlich ausgeübt werden.

Die Vorschriften zur Ermittlung latenter Steuern nach §274 HGB sind nur von mittelgroßen und großen Kapitalgesellschaften zwingend zu beachten. Kleinstkapitalgesellschaften und kleine Kapitalgesellschaften sind nach §274a Nr. 4 HGB von der Anwendung des §274 HGB befreit.

6.6 Zusammenfassung

1. Im Rahmen der Bilanzierung (dem Ansatz dem Grunde nach) sind einerseits die Frage nach der grundsätzlichen Bilanzierungsfähigkeit eines Sachverhalts und andererseits die Frage nach der Bilanzierungspflicht (oder dem Vorliegens eines Wahlrechts oder Verbots) zu beantworten.
2. Vorschriften zur Bilanzierung enthält das HGB für alle Kaufleute in seinen §§246 bis 251 HGB und ergänzend für Kapitalgesellschaften ab §264 HGB.
3. Grundsätzlich gilt das Vollständigkeitsgebot des §246 Abs. 1 Satz 1 HGB, nach dem der handelsrechtliche Jahresabschluss sämtliche Vermögensgegenstände, Schulden, Rechnungsabgrenzungsposten sowie Aufwendungen und Erträge enthalten muss, es sei denn, es bestehen Ausnahmen von diesem Grundsatz.
4. Nach §246 Abs. 1 Satz 2 HGB sind Vermögensgegenstände in der Bilanz des (rechtlichen) Eigentümers, Schulden in der Bilanz des Schuldners auszuweisen. Sind Vermögensgegenstände wirtschaftlich einem anderen zuzuordnen, hat dieser die Gegenstände zu bilanzieren (Prinzip des wirtschaftlichen Eigentums).
5. Ein entgeltlich erworbener (derivativer) Geschäfts- oder Firmenwert gilt nach §246 Abs. 1 Satz 4 HGB als begrenzt nutzbarer Vermögensgegenstand und ist zu aktivieren.
6. Für einen selbst geschaffenen (originären) Geschäfts- oder Firmenwert gilt ein Bilanzierungsverbot.
7. Rechnungsabgrenzungsposten sind verpflichtend für transitorische Posten anzusetzen. Als aktive Rechnungsabgrenzungsposten sind gemäß §250 Abs. 1 HGB Ausgaben vor dem Abschlussstichtag auszuweisen, die Aufwand für eine bestimmte Zeit nach diesem Tag darstellen; als passive Rechnungsabgrenzungsposten müssen gemäß §250 Abs. 2 HGB solche Einnahmen vor dem Abschlussstichtag bilanziert werden, die Ertrag für eine bestimmte Zeit nach diesem Tag darstellen.
8. Die antizipative Rechnungsabgrenzung (Erfolg vor Zahlung) erfolgt durch den Ansatz von Forderungen und Verbindlichkeiten.
9. Für in §249 Abs. 1 HGB genannte Zwecke besteht eine Pflicht zum Ansatz von Rückstellungen. Hierzu zählen Rückstellungen für ungewisse Verbindlichkeiten und für drohende Verluste aus schwebenden Geschäften sowie Aufwands- und

Gewährleistungsrückstellungen. Für andere als in Absatz 1 aufgeführte Zwecke dürfen keine Rückstellungen gebildet werden.

10. Haftungsverhältnisse u. ä. sind nach § 251 HGB unter der Bilanz anzugeben, soweit nicht bereits eine Pflicht zur Passivierung einer Verbindlichkeit entstanden ist.
11. Für selbst geschaffene immaterielle Vermögensgegenstände des Anlagevermögens besteht nach § 248 Abs. 2 Satz 1 HGB das Wahlrecht, die Aufwendungen für ihre Entwicklung sofort bei ihrer Entstehung aufwandswirksam zu erfassen oder einen Vermögensgegenstand (mit seinen Herstellungskosten, die den Entwicklungskosten entsprechen) zu bilanzieren und über die voraussichtliche Nutzungsdauer planmäßig abzuschreiben.
12. Ist der Erfüllungsbetrag einer Verbindlichkeit höher als ihr Ausgabebetrag, handelt es sich bei dem Unterschiedsbetrag aufgrund des Charakters vorausbezahlter Zinsen grundsätzlich auch um einen abzugrenzenden Posten. Für einen solchen besteht jedoch nach § 250 Abs. 3 HGB ein ausdrückliches Bilanzierungswahlrecht, entweder eine sofortige aufwandswirksame Erfassung oder aber eine Aktivierung und planmäßige Auflösung in den Folgejahren vorzunehmen.
13. Für einen Überhang aktiver latenter Steuern besteht gemäß § 274 Abs. 1 Satz 2 HGB ein Bilanzierungswahlrecht. Für einen Überhang an passiven latenten Steuern besteht aufgrund ihres Verbindlichkeitscharakters eine Ansatzpflicht.
14. Bei der Ausübung von Bilanzierungswahlrechten ist die Ansatzstetigkeit (§ 246 Abs. 3 HGB) zu beachten.
15. Ausdrückliche Bilanzierungsverbote bestehen nach § 246 Abs. 1 Satz 4 HGB für selbst geschaffene Geschäfts- oder Firmenwerte, gemäß § 248 Abs. 1 für Aufwendungen für die Gründung eines Unternehmens, die Beschaffung des Eigenkapitals und den Abschluss von Versicherungsverträgen sowie nach § 248 Abs. 2 Satz 2 HGB für selbst geschaffene Marken, Drucktitel, Verlagsrechte, Kundenlisten oder vergleichbare immaterielle Vermögensgegenstände des Anlagevermögens.

7 Handelsrechtliche Bewertungsvorschriften

Lernziele

- Sie können die grundsätzlichen handelsrechtlichen Bewertungsmaßstäbe nennen und erläutern.
- Sie kennen den Anwendungsbereich und den Umfang der Anschaffungskosten und können diese berechnen.
- Sie kennen den Anwendungsbereich und den Umfang der Herstellungskosten.
- Sie können die Wertunter- und -obergrenze der Herstellungskosten berechnen und ihre materiellen Auswirkungen aufzeigen.
- Sie können die handelsrechtlich zulässigen Bewertungsvereinfachungsverfahren erläutern und die Anschaffungskosten von Vermögensgegenständen nach den geeigneten Verfahren bestimmen.
- Sie kennen die verschiedenen Methoden zur Vornahme planmäßiger Abschreibungen und können Abschreibungspläne erstellen.
- Sie kennen die Vorschriften zur Vornahme außerplanmäßiger Abschreibungen für das Anlage- und das Umlaufvermögen. Sie können diese auf Praxissachverhalte anwenden und entsprechende Bewertungsentscheidungen treffen.
- Sie sind mit den Wertbegriffen für die Bewertung von Verbindlichkeiten und Rückstellungen vertraut.
- Sie können die Vorschriften zur Währungsumrechnung erläutern und anwenden.

7.1 Bewertungsmaßstäbe

Nachdem für Vermögensgegenstände und Schulden des Kaufmanns die Frage nach der Bilanzierung bejaht und der Ausweis in der Bilanz geklärt ist, muss im dritten Schritt anhand von Bewertungsregeln geklärt werden, mit welchem Wert die Bilanzierungsobjekte in die Bilanz eingehen. Es ist also die Frage hinsichtlich der Bewertung bzw. des Bilanzansatzes der Höhe nach zu beantworten. Zu welchem Zeitpunkt und für welche Objekte eine Bewertung vorzunehmen ist, wird in diesem Abschnitt aufgezeigt.

Nach den §§ 242 Abs. 1 und 2 i. V. m. 252 Abs. 1 Nr. 3 HGB hat jeder Kaufmann zu Beginn seines Handelsgewerbes und für den **Schluss eines jeden Geschäftsjahres** einen das **Verhältnis seines Vermögens und seiner Schulden** darstellenden Abschluss (Eröffnungsbilanz, Bilanz) sowie eine Gegenüberstellung der Aufwendungen und Erträge des Geschäftsjahrs (Gewinn- und Verlustrechnung) aufzustellen und die Vermögensgegenstände und Schulden **zu diesem Stichtag einzeln zu bewerten**. Es sind mithin die Wertverhältnisse am Bilanzstichtag abzubilden, auch wenn die tatsächliche Aufstellung des Jahresabschlusses erst in den ersten Monaten des folgenden Geschäftsjahres erfolgt.

Wertaufhellende Tatsachen, d. h. Informationen, die zwischen Geschäftsjahresschluss und Tag der Abschlusserstellung bekannt werden und den Wert von Vermögensgegenständen oder Schulden zum Bilanzstichtag betreffen, sind gemäß § 252 Abs. 1 Nr. 4 HGB zu berücksichtigen (**wertaufhellende Tatsachen**). Nicht zu berücksichtigen sind hingegen sog. **wertbegründende Tatsachen**, d. h. Informationen über Ereignisse, die zwischen Geschäftsjahresschluss und Tag der Abschlusserstellung bekannt werden und sich auf den Wert von Vermögensgegenständen oder Schulden nach dem Bilanzstichtag beziehen.

Beispiel zur Abgrenzung von wertaufhellenden und wertbegründenden Tatsachen

Vor dem Ladenlokal der „J & B Ice GmbH" rutscht eine Passantin bei Glatteis und Schnee aus, da der Gehweg nicht geräumt war. Am 20.01. des Jahres 02 erhält die „J & B Ice GmbH" Kenntnis von diesem Vorfall, da sie ein Schreiben der Anwältin der Passantin mit einer Schadensersatz- und Schmerzensgeldforderung von 5.000 Euro erreicht.

Das Geschäftsjahr der „J & B Ice GmbH" bezieht sich jeweils auf den Zeitraum 01.01. bis 31.12. des Jahres. Die Erstellung des Jahresabschlusses erfolgt regelmäßig im März des Folgejahres.

1. Der Sturz ereignete sich am 20.12. des Geschäftsjahres 01.
   Da die „J & B Ice GmbH" in der Zeit zwischen Geschäftsjahresschluss und Erstellung des Jahresabschlusses Informationen über ein Ereignis erhält, das sich auf einen Zeitpunkt **vor Ablauf des Geschäftsjahres**, für den der Abschluss zu erstellen ist, bezieht, handelt es sich um eine **wertaufhellende** Tatsache i. S. d. § 252 Abs. 1 Nr. 5 HGB für das Jahr 01. Das Ereignis ist im Jahresabschluss des Geschäftsjahres 01 zu berücksichtigen.

2. Der Sturz ereignete sich am 10.01. des Geschäftsjahres 02. Da die „J & B Ice GmbH“ in der Zeit zwischen Geschäftsjahresschluss und Erstellung des Jahresabschlusses Informationen über ein Ereignis erhält, das sich auf einen Zeitpunkt **nach Ablauf des Geschäftsjahres**, für den der Abschluss zu erstellen ist, bezieht, handelt es sich um eine **wertbegründende** Tatsache für das Jahr 02. Das Ereignis ist im Jahresabschluss des Geschäftsjahres 02 zu berücksichtigen.

Überdies sind die weiteren allgemeinen Bewertungsgrundsätze im Sinne des §252 Abs. 1 HGB, insbesondere die Grundsätze

- der Bilanzidentität,
- der Unternehmensfortführung,
- der Periodenabgrenzung und
- der Stetigkeit sowie
- das Vorsichtsgebot mit dem Imparitäts- und dem Realisationsprinzip

zu beachten.

Hinsichtlich einzelner Vermögensgegenstände und Schulden kann nach der Zugangs- und der Folgebewertung unterschieden werden.

Eine Bewertung eines Vermögensgegenstandes oder einer Schuld ist erstmalig im Zeitpunkt des Eintritts in das Betriebsvermögen des Kaufmanns vorzunehmen (**Zugangsbewertung**).

Dies kann erstmalig mit Beginn des Handelsgewerbes oder im laufenden Geschäftsbetrieb durch Anschaffungs- oder Herstellungsvorgänge, Darlehensaufnahmen etc. erfolgen.

Gehören die Vermögensgegenstände und Schulden auch an dem bzw. den folgenden Bilanzstichtag(en) zum Betriebsvermögen des Kaufmanns, sind sie erneut zu bewerten und damit den Wertverhältnissen am Bilanzstichtag anzupassen (**Folgebewertung**).

Zum Bewertungsstichtag sind **sämtliche Vermögensgegenstände** und **sämtliche Schulden** zu bewerten.

Gemäß §253 Abs. 1 Satz 1 HGB sind Vermögensgegenstände des **Anlage- und Umlaufvermögens** „(...) höchstens mit den Anschaffungs- oder Herstellungskosten, vermindert um die Abschreibungen nach den Absätzen 3 bis 5, anzusetzen.“

So haben nach handelsrechtlichen Vorschriften für die Bewertung von Vermögensgegenständen des Anlage- und Umlaufvermögens im **Zugangszeitpunkt** die Bewertungsmaßstäbe **Anschaffungskosten** und **Herstellungskosten** Bedeutung. Sie sind die Wertobergrenze für die Bewertung von Vermögensgegenständen.

Im Rahmen der **Folgebewertung** von Vermögensgegenständen des Anlage- und Umlaufvermögens sind handelsrechtlich die **fortge-**

führten Anschaffungs- oder Herstellungskosten, d.h. unter Berücksichtigung von plan- und außerplanmäßigen Abschreibungen, relevant. In engem Zusammenhang damit stehen die handelsrechtlichen Bewertungsmaßstäbe des **(niedrigeren) beizulegenden Wertes am Abschlussstichtag** bzw. des **Börsen- oder Marktpreises**.

Gemäß §253 Abs. 1 Satz 2 HGB sind **Verbindlichkeiten** mit ihrem **Erfüllungsbetrag** zu bewerten. Für **Rückstellungen** gilt nach §253 Abs. 1 Satz 2 HGB der Wertmaßstab des **nach kaufmännischer Beurteilung notwendigen Erfüllungsbetrags**.

Die Vorschriften zur Bewertung nach handelsrechtlichen Vorschriften enthalten die §§252 bis 256a HGB. Der Systematik des Handelsgesetzbuches folgend sind diese Normen verbindlich von allen bilanzierungspflichtigen Kaufleuten, unabhängig von ihrer Rechtsform, anzuwenden. Für Kapitalgesellschaften werden diese Rechtsnormen in geringem Umfang durch zusätzliche Vorschriften ab §264 HGB ergänzt. Zu nennen ist in diesem Zusammenhang insbesondere §274 HGB zur Bewertung latenter Steuern.

7.2 Zugangsbewertung von Vermögensgegenständen

7.2.1 Anschaffungskosten

Anschaffungskosten sind nach § 253 Abs. 1 Satz 1 HGB der Bewertungsmaßstab für Vermögensgegenstände des Anlage- und des Umlaufvermögens, welche unternehmensextern bezogen werden.

Als Anschaffungsvorgänge sind überwiegend Beschaffungsvorgänge i. R. v. Kaufverträgen i. S. d. §433 BGB anzusehen. Aber auch bei Vorgängen, wie einem unentgeltlichen Erwerb oder Tausch von Vermögensgegenständen, ist der Begriff der Anschaffungskosten relevant.

Die Bewertung von Vermögensgegenständen mit ihren Anschaffungskosten führt dazu, dass Erwerbsvorgänge in der Bilanz als erfolgsneutrale Vermögensumschichtungen erkennbar werden.

In §255 Abs. 1 Satz 1 HGB wird der Begriff der Anschaffungskosten definiert als „(...) die Aufwendungen, die geleistet werden, um einen **Vermögensgegenstand zu erwerben** und ihn in einen **betriebsbereiten Zustand** zu versetzen, soweit sie dem Vermögensgegenstand einzeln zugeordnet werden können."

Grundsätzlich dürfen in die Anschaffungskosten also **nur Einzelkosten** und keine Gemeinkosten einbezogen werden. Es dürfen nur tatsächlich angefallene Aufwendungen, keine kalkulatorischen Kosten, bei den Anschaffungskosten berücksichtigt werden (pagatorischer Kostenbegriff). Auch können Fremdkapitalzinsen, für

Darlehen, die mit der Anschaffung verbunden sind, nicht einbezogen werden.

Nach §255 Abs.1 Satz 2 HGB gehören zu den Anschaffungskosten auch die **Anschaffungsnebenkosten**. Auch diese müssen für den Erwerb des Vermögensgegenstands und seine Nutzung in der vorgesehenen Weise erforderlich sein. Beispiele für Anschaffungsnebenkosten sind

- Kosten der Anlieferung (Fracht, Rollgelder, Transportversicherung, Speditionskosten, Wiegegelder, Anfuhr- und Abladekosten),
- Steuern und öffentliche Abgaben (Eingangszölle, Anlieger- und Erschließungsbeiträge, Notar- und Gerichtskosten, Grunderwerbsteuer),
- Kosten des Einkaufs (Provisionen, Courtage, Maklergebühren, Besichtigungsfahrten zum tatsächlich erworbenen Objekt) und
- Kosten der Liefer-, Produktions- bzw. Betriebsbereitschaft (Montage, Einweisung etc. soweit es sich um Einzelkosten handelt).

Überdies sind gemäß §255 Abs.1 Satz 2 HGB **nachträgliche Anschaffungskosten** zu berücksichtigen. Praktische Schwierigkeiten kann in diesem Zusammenhang die Trennung von aktivierungsfähigen nachträglichen Anschaffungskosten und erfolgswirksam zu erfassendem Erhaltungsaufwand bereiten. Voraussetzung für ihre Berücksichtigung ist ein unmittelbarer wirtschaftlicher Zusammenhang mit der Anschaffung. Gerade bei der Anschaffung und Modernisierung von Gebäuden kann diese Fragestellung auftreten. Wichtige Kriterien für die Beurteilung sind dann der enge Zusammenhang zwischen Anschaffung und Vornahme der Instandsetzungs- und Modernisierungsmaßnahmen. Auch kann die Höhe der Aufwendungen bzw. das Eintreten einer wesentlichen Verbesserung die Klassifizierung als nachträgliche Anschaffungskosten rechtfertigen. Typische Beispiele für nachträgliche Anschaffungskosten sind nachträgliche Anschaffungspreiserhöhungen oder Erschließungsbeiträge für das erstmalige Anlegen von Straßen bzw. den erstmaligen Anschluss an die Kanalisation und die Energieversorgung.

Nach §255 Abs.1 Satz 3 HGB sind **Anschaffungspreisminderungen** von den Anschaffungskosten abzuziehen, um nur tatsächliche Aufwendungen zu berücksichtigen. Dies gilt jedoch nur, wenn diese dem zu bewertenden Vermögensgegenstand einzeln zugeordnet werden können. Beispiele für Anschaffungspreisminderungen sind Minderungen des Kaufpreises aufgrund von Schlechtlieferung gemäß §441 BGB oder die Gewährung von Rabatten, Boni und Skonti.

Umsatzsteuer, die ein Unternehmen i.S.d. Umsatzsteuergesetzes im Rahmen eines Anschaffungsvorgangs zu entrichten hat und als Vorsteuer in Abzug bringen kann, gehört – unter Rückgriff auf

§ 9b EStG – auch handelsrechtlich nicht zu den Anschaffungskosten. Nur für den Fall, dass der Vorsteuerabzug ausgeschlossen ist, gehört die Umsatzsteuer zu den Anschaffungskosten.

Die nachfolgende Übersicht fasst die Bestimmung der Anschaffungskosten zusammen.

§ 255 Abs. 1 Satz 1 HGB	Anschaffungspreis (Kaufpreis u. ä.)
§ 255 Abs. 1 Satz 2 HGB	+ Anschaffungsnebenkosten
§ 255 Abs. 1 Satz 2 HGB	+ nachträgliche Anschaffungskosten
§ 255 Abs. 1 Satz 3 HGB	- Anschaffungspreisminderungen
§ 9b EStG	i. d. R. keine Umsatzsteuer

Abbildung 18: Bestimmung der Anschaffungskosten gemäß § 255 Abs. 1 HGB

Beispiel zur Berechnung der Anschaffungskosten
Bei den Vertragsverhandlungen über den Kauf des Verkaufstresens mit Kühlung vereinbart die „J & B Ice GmbH" mit dem Verkäufer einen Kaufpreis von 5.000 Euro (netto). Bei Zahlung innerhalb von 30 Tagen ab Rechnungstellung können 5 % Skonto abgezogen werden. Dies möchte die „J & B Ice GmbH" auch nutzen und zahlt die Rechnung nach 15 Tagen per Überweisung. Für den Anschluss der Einrichtungsgegenstände wird ein Elektrotechnikunternehmen beauftragt. Dieses stellt für seine Leistungen 200 Euro in Rechnung. Die handelsrechtlichen Anschaffungskosten betragen gemäß § 255 Abs. 1 HGB (5.000 Euro · 0,95 + 200 Euro =) 4.950 Euro.

7.2.2 Herstellungskosten

Ein weiterer Bewertungsmaßstab für Vermögensgegenstände des Anlage- und Umlaufvermögens sind gemäß § 253 Abs. 1 Satz 1 HGB die Herstellungskosten. Sie sind für im Unternehmen selbst geschaffene Vermögensgegenstände heranzuziehen. Herstellungskosten sind so vor allem als Bewertungsmaßstab für fertige bzw. unfertige Erzeugnisse sowie für selbst erstelltes Sachanlagevermögen, beispielsweise Gebäude, Maschinen u. ä., relevant.

Der Begriff der Herstellungskosten ist in § 255 Abs. 2 Satz 1 HGB geregelt. Demnach sind Herstellungskosten „(…) Aufwendungen, die durch den Verbrauch von Gütern und die Inanspruchnahme von Diensten für die Herstellung eines Vermögensgegenstands, seine Erweiterung oder für eine über seinen ursprünglichen Zustand hinausgehende wesentliche Verbesserung entstehen."

Grundsätzlich entstehen durch die Herstellung von Vermögensgegenständen im Unternehmen Aufwendungen (z. B. Material- und Personalaufwand). Die Bewertung der Vermögensgegenstände mit ihren Herstellungskosten führt dann dazu, dass Herstellungsvorgänge in der Bilanz als erfolgsneutrale Vermögensumschichtungen erkennbar werden. Für den Umfang der Einbeziehung dieser Aufwendungen in die Herstellungskosten enthält das Handelsrecht Wahlrechte, durch die eine Wertuntergrenze und eine Wertobergrenze für die Höhe der Herstellungskosten festgelegt werden.

Die Aufwendungen nach § 255 Abs. 2 Satz 2 HGB stellen die **Wertuntergrenze** dar. So sind die Material- und Fertigungseinzelkosten sowie die Sonderkosten der Fertigung **zwingend** in die Herstellungskosten einzubeziehen.

Beispiele für Material- und Fertigungseinzelkosten sowie Sonderkosten der Fertigung sind z. B.

- die Anschaffungskosten der fremdbezogenen Roh- und Hilfsstoffe,
- die unmittelbar zurechenbaren Fertigungslöhne und Sozialabgaben sowie
- die direkt zuordenbaren Aufwendungen für Modelle, Prototypen, Schablonen, Spezialwerkzeuge, Lizenzgebühren, auftragsgebundene Entwicklungs-, Versuchs- und Konstruktionskosten.

Des Weiteren sind nach § 255 Abs. 2 Satz 2 HGB angemessene Teile der Material- und der Fertigungsgemeinkosten sowie des durch die Fertigung veranlassten Werteverzehrs des Anlagevermögens zu berücksichtigen. Hierzu zählen z. B.

- die Aufwendungen für die Einkaufsabteilung, die Eingangsprüfung, den innerbetrieblichen Transport und die Lagerhaltung,
- die Aufwendungen für die Werkstattverwaltung, die Fertigungsplanung und -kontrolle, die Arbeitsvorbereitung, das Qualitätsmanagement und die Instandhaltung sowie
- die planmäßigen Abschreibungen auf Lagereinrichtungen und innerbetriebliche Transportfahrzeuge.

Anzumerken ist, dass eine interne Kostenrechnung Voraussetzung dafür ist, die Erfassung und Zuordnung der Kosten zu den Kostenträgern vorzunehmen. Mit abnehmender Detaillierung der Kostenrechnung wächst der Anteil an nicht der Fertigung zurechenbaren Gemeinkosten. Da diese nicht in die Herstellungskosten eines Vermögensgegenstands einfließen können, ist die handelsrechtliche Herstellungskostenuntergrenze daher umso geringer, je weniger genau die Zuordnung der Gemeinkosten zu den Kostenträgern erfolgen kann.

Wahlweise berücksichtigt werden dürfen nach § 255 Abs. 2 Satz 3 HGB „(...) angemessene Teile der Kosten der allgemeinen Verwaltung sowie angemessene Aufwendungen für soziale Einrichtungen des Betriebs, für freiwillige soziale Leistungen und für die betriebliche Altersversorgung (...), soweit diese auf den Zeitraum der Herstellung entfallen.“ Dies sind beispielsweise

- die Aufwendungen für die Geschäftsleitung, die Personalabteilung und das Rechnungswesen,
- die Aufwendungen für EDV, Kommunikation und Beratung,
- die Beiträge zu Direktversicherungen, Pensions- und Unterstützungskassen sowie die Zuführungen zu Pensionsrückstellungen,
- die Aufwendungen für Kantine, Freizeiteinrichtungen und Betriebsarzt sowie
- die Aufwendungen für Jubiläumsgeschenke, Mietbeihilfen u. ä.

Des Weiteren dürfen nach § 255 Abs. 3 Satz 2 HGB „Zinsen für Fremdkapital, das zur Finanzierung der Herstellung eines Vermögensgegenstands verwendet wird (...) angesetzt werden, soweit sie auf den Zeitraum der Herstellung entfallen (...)“. Dieser Fall ist als Ausnahmetatbestand von der Regelung des § 255 Abs. 3 Satz 1 HGB anzusehen, nach dem die Einbeziehung von Fremdkapitalzinsen in die Herstellungskosten grundsätzlich nicht möglich ist.

Die vollständige Berücksichtigung aller in § 255 Abs. 2 Sätze 2 und 3 HGB sowie in § 255 Abs. 3 Satz 2 HGB genannten Aufwendungen resultiert in der **Wertobergrenze** der Herstellungskosten. Auch die nur teilweise Einbeziehung der grundsätzlich berücksichtigungsfähigen Aufwendungen ist möglich. Dabei muss der Kaufmann regelmäßig das Gebot der Bewertungsstetigkeit gemäß § 252 Abs. 1 Nr. 6 HGB beachten. Ein unbegründeter Wechsel zwischen Wertuntergrenze und Wertobergrenze ist nicht möglich.

Forschungs- und Vertriebskosten dürfen nach § 255 Abs. 2 Satz 4 HGB keinesfalls bei der Bestimmung der Herstellungskosten berücksichtigt werden. Kalkulatorische Kosten dürfen ebenfalls keinen Eingang in die nach handelsrechtlichen Vorschriften zu bestimmenden Herstellungskosten finden.

Die folgende Abbildung stellt die Ermittlung der Herstellungskosten zusammenfassend dar.

§ 255 Abs. 2 Satz 2 HGB	**Einbeziehungspflicht** für + Materialeinzelkosten + Fertigungseinzelkosten + Sonderkosten der Fertigung + Materialgemeinkosten + Fertigungsgemeinkosten + Werteverzehr des Anlagevermögens
	= Wertuntergrenze

§ 255 Abs. 2 Satz 3 HGB § 255 Abs. 3 Satz 2 HGB	**Einbeziehungswahlrecht** für Aufwendungen für + allgemeine Verwaltung + soziale Einrichtungen des Betriebs + freiwillige soziale Leistungen + betriebliche Altersversorgung + zuzuordnende Fremdkapitalzinsen
	= Wertobergrenze
§ 255 Abs. 2 Satz 4 HGB	**Einbeziehungsverbot** für - Forschungskosten - Vertriebskosten - andere Fremdkapitalzinsen

Abbildung 19: Bestimmung der Herstellungskosten gemäß § 255 Abs. 2 und 3 HGB

Für selbst geschaffene immaterielle Vermögensgegenstände des Anlagevermögens sind gemäß § 255 Abs. 2a Satz 1 HGB als Herstellungskosten die bei der Entwicklung angefallenen Aufwendungen zu berücksichtigen.

Entwicklung ist gemäß § 255 Abs. 2a Satz 2 HGB „(...) die Anwendung von Forschungsergebnissen oder von anderem Wissen für die Neuentwicklung von Gütern oder Verfahren oder die Weiterentwicklung von Gütern oder Verfahren mittels wesentlicher Änderungen".

Beispiele für Entwicklungstätigkeiten sind

- der Entwurf, die Konstruktion und der Test neuer Prototypen und Modelle vor der Aufnahme der eigentlichen Produktion,
- der Entwurf, die Konstruktion und der Test einer gewählten Alternative für Materialien, Vorrichtungen, Produkte, Verfahren, Systeme oder Dienstleistungen,
- der Entwurf, die Konstruktion und der Betrieb einer Pilotanlage, die für die kommerzielle Nutzung ungeeignet ist, sondern nur als Prototyp dient sowie
- der Entwurf von Werkzeugen, Spannvorrichtungen, Prägestempeln oder Gussformen unter Verwendung neuer Technologien.

Forschung ist nach § 255 Abs. 2a Satz 3 HGB „(...) die eigenständige und planmäßige Suche nach neuen wissenschaftlichen oder technischen Erkenntnissen oder Erfahrungen allgemeiner Art, über deren technische Verwertbarkeit und wirtschaftliche Erfolgsaussichten grundsätzlich keine Aussagen gemacht werden können".

Forschungsaktivitäten sind z. B. die Suche nach Alternativen für Materialien, Vorrichtungen, Produkte, Verfahren, Systeme oder Dienstleistungen.

Forschungskosten dürfen gemäß §255 Abs. 2 Satz 4 HGB nicht in die Herstellungskosten einbezogen werden, da sie aufgrund der hohen Unsicherheit bezüglich der Forschungsergebnisse, insbesondere in Bezug auf das Entstehen eines Vermögensgegenstands, als vor dem Herstellungsprozess angefallene Aufwendungen zu behandeln sind. Daher ist gemäß §255 Abs. 2a Satz 4 HGB eine Aktivierung ausgeschlossen, wenn die Forschungsphase nicht verlässlich von der Entwicklungsphase abgegrenzt werden kann.

Beispiel zur Bilanzierung und Bewertung eines Patents

Die „J & B Ice GmbH" hat ein Patent entwickelt, das sie für eigene betriebliche Zwecke nutzt und auch künftig nutzen will. Die Forschungskosten betrugen 25.000 Euro. Bei der Entwicklung sind Aufwendungen für das Material i. H. v. 20.000 Euro sowie für die Fertigung i. H. v. 25.000 Euro sowie angemessene Kosten der allgemeinen Verwaltung i. H. v. 2.000 Euro und für freiwillige soziale Leistungen i. H. v. 1.000 Euro angefallen.

Für das Patent als selbst geschaffener immaterieller Vermögensgegenstand des Anlagevermögens besteht gemäß § 248 Abs. 2 Satz 1 HGB ein Bilanzierungswahlrecht. Nimmt die „J & B Ice GmbH" eine Aktivierung vor, muss die Zugangsbewertung des Patents gemäß § 253 Abs. 1 Satz 1 HGB mit den Herstellungskosten erfolgen. Diese entsprechen nach § 255 Abs. 2a HGB den Entwicklungskosten. Forschungskosten sind gemäß § 255 Abs. 2 Satz 4 HGB nicht bei den Herstellungskosten zu berücksichtigen. Material- und Fertigungskosten sowie die Sonderkosten der Fertigung müssen nach § 255 Abs. 2 Satz 2 HGB (Wertuntergrenze), Kosten der allgemeinen Verwaltung und für freiwillige soziale Leistungen dürfen nach § 255 Abs. 2 Satz 3 HGB (Wertobergrenze) in die Herstellungskosten einbezogen werden. Die Herstellungskosten des Patents betragen somit mindestens 45.000 Euro bzw. höchstens 48.000 Euro.

7.3 Folgebewertung von Vermögensgegenständen

7.3.1 Beizulegender Wert am Abschlussstichtag, Börsen- oder Marktpreis

Für alle Vermögensgegenstände, die am Bilanzstichtag Teil des Betriebsvermögens eines Bilanzierenden sind, ist eine auf diesen Zeitpunkt bezogene Bewertung, die Folgebewertung, vorzunehmen. Neben der gemäß §253 Abs. 3 Satz 1 HGB bei **abnutzbarem Anlagevermögen** auf die Anschaffungs- oder die Herstellungskosten vorzunehmenden **planmäßige Abschreibungen**, sind ggf. weitere Wertminderungen zu erfassen. In diesem Zusammenhang haben die Bewertungsmaßstäbe (niedrigerer) beizulegender Wert am Abschlussstichtag und Börsen- oder Marktpreis Bedeutung.

So ist nach §253 Abs. 3 Sätze 5 und 6 HGB für sämtliche **Vermögensgegenstände des Anlagevermögens** zu prüfen, ob die Vornahme **außerplanmäßiger Abschreibungen** erforderlich ist, um diese mit dem niedrigeren beizulegenden Wert anzusetzen, der ihnen am Abschlussstichtag beizulegen ist. Dieser ist im Sinne eines Zeitwertes bzw. Verkehrswertes zu interpretieren und dient als Vergleichswert zu den Anschaffungs- oder Herstellungskosten bzw. dem Wert am letzten Bilanzstichtag.

Für **Vermögensgegenstände des Umlaufvermögens** sind gemäß §253 Abs. 4 HGB **außerplanmäßige Abschreibungen** vorzunehmen, wenn sich am Abschlussstichtag ein Börsen- oder Marktpreis ergibt, der niedriger ist als ihre Anschaffungs- oder Herstellungskosten bzw. der Wert am letzten Bilanzstichtag. Nur, wenn ein solcher nicht feststellbar ist, ist auf den beizulegenden Wert abzustellen.

7.3.2 Planmäßige Abschreibungen

Planmäßige Abschreibungen sind gemäß §253 Abs. 3 Satz 1 HGB für abnutzbare Vermögensgegenstände des Anlagevermögens vorzunehmen, d. h. für Vermögensgegenstände, die durch technische oder wirtschaftliche Abnutzung (z. B. Maschinen, Patente), durch Verbrauch oder durch Ausbeutung (z. B. Kiesgrube) in ihrer Nutzung zeitlich begrenzt sind. Dies ist fast ausnahmslos für bewegliche und unbewegliche Vermögensgegenstände, jedoch nicht für Grund und Boden, Anlagen im Bau sowie Finanzanlagen, zu bejahen.

Die Vornahme planmäßiger Abschreibungen auf abnutzbare Vermögensgegenstände dient dem Ausweis eines korrekten Periodenerfolgs. Der Anschaffungs- bzw. Herstellungsvorgang erfolgte erfolgsneutral. Durch Abnutzung u. ä. werden jedoch die Vermögens- und die Erfolgslage des Unternehmens beeinflusst. Dieser Werteverzehr ist aufwandswirksam über die Abschreibungen darzustellen.

Nach §253 Abs. 3 Satz 2 HGB sind die vorzunehmenden Abschreibungen planmäßig auf den Zeitraum der gesamten voraussichtlichen Nutzung zu verteilen. Hierzu ist zu Beginn der Nutzung, spätestens jedoch im Zeitpunkt der ersten Abschreibung, ein Abschreibungsplan zu erstellen, der das Abschreibungsvolumen, die Abschreibungsmethode sowie die voraussichtliche Nutzungsdauer enthalten muss. Das Abschreibungsvolumen wird durch die Anschaffungs- oder Herstellungskosten, ggf. abzüglich eines Restveräußerungserlöses, bestimmt.

Vorgaben zur Abschreibungsmethode enthält das Handelsrecht nicht. Jedoch darf sie auch nicht völlig willkürlich gewählt werden, sondern hat weitgehend die tatsächlichen wirtschaftlichen Gegebenheiten widerzuspiegeln. Als GoB-konform anzusehen sind regelmäßig die lineare, die degressive, die progressive und die leistungsabhängige Abschreibung. Auch Kombinationsformen sind möglich, so z. B. der Übergang von der degressiven zur linearen Abschreibung.

Die Wahlmöglichkeiten hinsichtlich der Abschreibungsmethode werden jedoch durch die Bewertungsstetigkeit des § 252 Abs. 1 Nr. 6 HGB begrenzt.

Kann für einen selbst geschaffenen immateriellen Vermögensgegenstand des Anlagevermögens oder für einen entgeltlich erworbenen Geschäfts- oder Firmenwert in Ausnahmefällen die voraussichtliche Nutzungsdauer nicht verlässlich geschätzt werden, sind gemäß § 253 Abs. 3 Sätze 3 und 4 HGB planmäßige Abschreibungen auf die Anschaffungs- bzw. Herstellungskosten über einen Zeitraum von zehn Jahren vorzunehmen.

Beispiel zur Berechnung planmäßiger Abschreibungen

Die „J & B Ice GmbH" schafft am 01.07. des Jahres 01 eine neue Kühltruhe zum Preis von 10.000 Euro (netto) an. Die voraussichtliche Nutzungsdauer beträgt 5 Jahre bzw. 50.000 Leistungseinheiten (LE) insgesamt. Pro Jahr werden 10.000 Leistungseinheiten (LE) in Anspruch genommen.

Der Steuerberater der „J & B Ice GmbH" hält handelsrechtlich die lineare, die geometrisch-degressive und die leistungsabhängige Methode für vertretbar. Im Fall der geometrisch-degressiven Abschreibung soll ein Abschreibungssatz von 30 % angewendet und einem Wechsel zur linearen Abschreibung vorgenommen werden, sobald die Methode zu höheren Abschreibungsbeträgen führt.

Lineare Abschreibung:

Bei der linearen Methode erfolgt die Abschreibung mit gleichbleibenden Jahresbeträgen durch die Verteilung der Anschaffungs- oder Herstellungskosten (ggf. abzüglich eines Restveräußerungserlöses) auf die voraussichtliche Nutzungsdauer.

$$\text{Abschreibungsbetrag} = \frac{\text{AK / HK}}{\text{Nutzungsdauer}}$$

Grundsätzlich sind diese im Jahr der Anschaffung bzw. Herstellung zeitanteilig (pro rata temporis – p. r. t.) zu berücksichtigen. Der Abschreibungsplan ergibt sich wie folgt:

Jahr	Berechnung der Abschreibung	Abschreibungsbetrag	Restbuchwert
01	10.000 Euro : 5 Jahre · ½	1.000 Euro	9.000 Euro
02	10.000 Euro : 5 Jahre	2.000 Euro	7.000 Euro
03	10.000 Euro : 5 Jahre	2.000 Euro	5.000 Euro
04	10.000 Euro : 5 Jahre	2.000 Euro	3.000 Euro
05	10.000 Euro : 5 Jahre	2.000 Euro	1.000 Euro
06	10.000 Euro : 5 Jahre · ½	1.000 Euro	0 Euro

Geometrisch-degressive Abschreibung

Bei der geometrisch-degressiven Methode erfolgt die Abschreibung mit fallenden Jahresbeträgen durch Anwendung eines festen Abschreibungssatzes auf die Anschaffungs- oder Herstellungskosten bzw. den Restbuchwert.

Abschreibungsbetrag = AK/HK bzw. Restbuchwert · Abschreibungssatz

Bei dieser Methode verbleibt ein Restwert, weshalb regelmäßig während der Nutzungsdauer von der degressiven zur linearen Abschreibung gewechselt wird, wenn die lineare Abschreibung zu höheren Abschreibungsbeträgen führt als die degressive Methode. Im Anschaffungs- bzw. Herstellungsjahr ist eine zeitanteilige Abschreibung vorzunehmen. Die Abschreibung nach der degressiven Methode mit Wechsel zu linearen Abschreibung ist folgendermaßen vorzunehmen:

Jahr	Berechnung der Abschreibung (degressive Methode)	Vergleich lineare Methode	Abschreibung	Restbuchwert
01	10.000 Euro · 30% · ½ = 1.500 Euro	10.000 Euro : 5 Jahre · ½ = 1.000 Euro	1.500 Euro	8.500 Euro
02	8.500 Euro · 30% = 2.550 Euro	8.500 Euro : 4,5 Jahre = 1.889 Euro	2.550 Euro	5.950 Euro
03	5.950 Euro · 30% = 1.785 Euro	5.950 Euro : 3,5 Jahre = 1.700 Euro	1.785 Euro	4.165 Euro
04	4.165 Euro · 30% = **1.249,50 Euro**	4.165 Euro : 2,5 Jahre = **1.666 Euro Wechsel**	1.666 Euro	2.499 Euro
05			1.666 Euro	833 Euro
06			833 Euro	0 Euro

Um zu überprüfen, wann die lineare Abschreibung zu einem höheren Abschreibungsbetrag führt als die degressive Methode, werden im Abschreibungsplan jeweils zusätzlich die Abschreibungsbeträge ermittelt, die sich – bezogen auf den Restbuchwert und die Restnutzungsdauer am Ende des betrachteten Geschäftsjahres – bei Anwendung der linearen Methode ergeben würden. Im Beispiel erfolgt der Wechsel von der degressiven zur linearen Abschreibung im Geschäftsjahr 04.

Leistungsabhängige Abschreibung

Bei der leistungsabhängigen Abschreibung erfolgt die Abschreibung analog der Leistungsabgabe des Vermögensgegenstands. Hierzu wird ein Abschreibungsbetrag je verbrauchter Leistungseinheit bestimmt, welcher mit den jährlich verbrauchten Leistungseinheiten (z. B. Maschinenstunden) multipliziert wird.

$$\text{Abschreibungsbetrag} = \frac{\text{AK/HK}}{\text{Gesamtleistungseinheiten}} \cdot \text{jährliche Leistungseinheiten}$$

Eine zeitanteilige Abschreibung im Jahr der Anschaffung bzw. Herstellung eines Vermögensgegenstands ist bei dieser Methode aufgrund der Berücksichtigung der tatsächlichen Abnutzung über Leistungseinheiten nicht zu beachten.

Im Beispiel beträgt der jährliche Abschreibungsbetrag

10.000 Euro / 50.000 LE = 0,20 Euro/LE · 10.000 jährliche Leistungseinheiten = 2.000 Euro.

Jahr	Berechnung der Abschreibung	Abschreibungsbetrag	Restbuchwert
01	10.000 LE · 0,20 Euro/LE	2.000 Euro	8.000 Euro
02	10.000 LE · 0,20 Euro/LE	2.000 Euro	6.000 Euro
03	10.000 LE · 0,20 Euro/LE	2.000 Euro	4.000 Euro
04	10.000 LE · 0,20 Euro/LE	2.000 Euro	2.000 Euro
05	10.000 LE · 0,20 Euro/LE	2.000 Euro	0 Euro

7.3.3 Sofortabschreibung und Sammelposten

Für abnutzbare bewegliche Vermögensgegenstände des Anlagevermögens, die einer selbständigen Nutzung fähig sind, dürfen aus Vereinfachungsgründen – alternativ zur planmäßigen Abschreibung über die voraussichtliche Nutzungsdauer gemäß § 253 Abs. 3 Sätze 1 und 2 HGB – auch Sofortabschreibungen im Jahr der Anschaffung bzw. Herstellung vorgenommen oder ein Sammelposten gebildet werden. Diese Wahlmöglichkeit gilt gleichermaßen für die Anschaffung neuer und gebrauchter Vermögensgegenstände.

Handelsrechtlich existiert keine eigenständige Regelung zur Sofortabschreibung bzw. zur Bildung von Sammelposten. Vielmehr basiert dieses Vorgehen auf den steuerlichen Vorschriften des §6 Abs.2 und 2a EStG, die als GoB-konform angesehen werden und damit handelsrechtlich anwendbar sind.

So können derartige Vermögensgegenstände, bei denen die Anschaffungs- bzw. Herstellungskosten **250 Euro** nicht übersteigen (**Geringstwertige Vermögensgegenstände**), im Jahr ihrer Anschaffung bzw. Herstellung ohne Aufnahme in den Anlagenspiegel sofort vollständig als Aufwand erfasst werden.

Für Vermögensgegenstände, deren Anschaffungs- bzw. Herstellungskosten mehr als **250 Euro und maximal 1.000 Euro** betragen, darf ein **Sammelposten** gebildet werden, welcher im Jahr der Anschaffung bzw. Herstellung sowie in den darauffolgenden vier Jahren jeweils pauschal zu einem Fünftel abzuschreiben ist.

Alternativ kann die Anschaffung bzw. Herstellung von Vermögensgegenständen im Jahr der Anschaffung bzw. Herstellung sofort in voller Höhe als Aufwand verbucht werden, wenn die Anschaffungs- bzw. Herstellungskosten den Betrag von **800 Euro** nicht übersteigen (**Geringwertige Vermögensgegenstände**). In diesem Fall sind die Vermögensgegenstände mit einem Erinnerungswert von 1 Euro in den Anlagenspiegel aufzunehmen.

7.3.4 Außerplanmäßige Abschreibungen

Außerplanmäßige Abschreibungen spiegeln Wertminderungen **abnutzbarer und nicht abnutzbarer Vermögensgegenstände** wider, soweit deren Wert am Abschlussstichtag durch **außergewöhnliche** technische oder wirtschaftliche Gründe niedriger ist als die (fortgeführten) Anschaffungs- bzw. Herstellungskosten. Dabei ist einerseits zu unterscheiden, ob es sich um Anlagevermögen, Finanzanlagen oder Umlaufvermögen handelt und andererseits, ob die Wertminderung als voraussichtlich vorübergehend oder dauernd anzusehen ist. Eine dauernde Wertminderung ist regelmäßig anzunehmen, wenn diese am Bilanzstichtag als nachhaltig einzuschätzen ist und keine Anzeichen für eine baldige Erholung gegeben sind. Eine Abgrenzung von einer vorübergehenden Wertminderung ist aufgrund des Erforderlichkeit von (subjektiven bzw. unsicheren) Einschätzungen nicht immer zweifelsfrei möglich.

Für Vermögensgegenstände des **Anlagevermögens** gilt das **gemilderte Niederstwertprinzip**. Daher gilt es für Anlagemögen zu unterscheiden, ob eine Wertminderung aus Sicht des Bilanzstichtags als voraussichtlich dauernd oder vorübergehend einzuschätzen ist.

Liegt bei Anlagevermögen eine voraussichtlich dauernde Wertminderung vor, sind gemäß § 253 Abs. 3 Satz 5 HGB zwingend außerplanmäßige Abschreibungen vorzunehmen, um diese Vermögensgegenstände mit dem niedrigeren beizulegenden Wert am Abschlussstichtag zu bewerten. Ist die Wertminderung als voraussichtlich vorübergehend zu beurteilen, gilt ein Abschreibungsverbot.

Abweichend können bei Finanzanlagen gemäß § 253 Abs. 3 Satz 6 HGB „(...) außerplanmäßige Abschreibungen auch bei voraussichtlich nicht dauernder Wertminderung vorgenommen werden". Für Finanzanlagen kann mithin in jedem Fall eine Wertminderung berücksichtigt werden, die sich durch den Vergleich des Wertes des Vermögensgegenstands am letzten Bilanzstichtag und dem niedrigeren beizulegenden Wert am Abschlussstichtag ergibt.

Der beizulegende Wert ist in diesen Fällen i. d. R. der Wiederbeschaffungs- bzw. -herstellungswert (ggf. unter Berücksichtigung der Abnutzung). Für an einer Börse notierte Finanzanlagen ist der Wiederbeschaffungswert der Börsenpreis. Ist ausnahmsweise ein Vermögensgegenstand des Anlagevermögens zum Verkauf bestimmt, z. B., weil eine Maschine aufgrund der Umstellung eines Produktionsprozesses nicht mehr benötigt wird, kann auch der Einzelveräußerungspreis als Vergleichsmaßstab dienen.

Vermögensgegenstände des **Umlaufvermögens** unterliegen dem **strengen Niederstwertprinzip**. Für sie sind gemäß § 253 Abs. 4 HGB „(...) Abschreibungen vorzunehmen, um diese mit einem niedrigeren Wert anzusetzen, der sich aus einem Börsen- oder Marktpreis [unter Berücksichtigung von Anschaffungsnebenkosten] am Abschlussstichtag ergibt". Soweit kein Börsen- oder Marktpreis feststellbar ist, die Anschaffungs- oder Herstellungskosten jedoch „(...) den Wert übersteigen, der den Vermögensgegenständen am Abschlussstichtag beizulegen ist, so ist auf diesen Wert abzuschreiben. Für Roh-, Hilfs- und Betriebsstoffe ist der niedrigere beizulegende Wert am Abschlussstichtag beschaffungsmarktorientiert, für fertige und unfertige Erzeugnisse bzw. Handelswaren absatzmarktorientiert zu ermitteln. Für Forderungen sind im Rahmen des strengen Niederstwertprinzips Pauschal- und Einzelwertberichtigungen vorzunehmen, deren Höhe einerseits an der allgemeinen bzw. unternehmensindividuellen Ausfallwahrscheinlichkeit im Zeitablauf und andererseits an den jeweils individuellen Risiken zu bemessen ist.

Beispiel zur Vornahme außerplanmäßiger Abschreibungen

Die „J & B Ice GmbH" kauft am 10.5. des Jahres 02 Wertpapiere der „Juli AG" zu Anschaffungskosten von 10.000 Euro. Am 31.12. des Jahres 02 beträgt der Börsenkurs der Wertpapiere (unter Berücksichtigung von Anschaffungsnebenkosten) 9.500 Euro. Es handelt sich um normale Kursschwankungen am Aktienmarkt.

Am Bilanzstichtag ist von einer voraussichtlich vorübergehenden Wertminderung auszugehen. Inwieweit dafür eine außerplanmäßige Abschreibung vorzunehmen ist, hängt davon ab, ob die Aktien zum Anlage- oder zum Umlaufvermögen der GmbH gehören. Gemäß § 247 Abs. 2 HGB sind beim Anlagevermögen „(...) die Gegenstände auszuweisen, die bestimmt sind, dauernd dem Geschäftsbetrieb zu dienen". Im Umlaufvermögen sind im Umkehrschluss daraus die Vermögensgegenstände auszuweisen, die kurzfristig zur Veräußerung, Verarbeitung o. ä. stehen. Da dies bei Wertpapieren nicht eindeutig ist, sondern vom Willen des Kaufmanns abhängt, muss dieser eine Zuordnung vornehmen.

1. **Die Aktien sind Anlagevermögen (Finanzanlagen) der „J & B Ice GmbH":**
   Nach § 253 Abs. 3 Satz 6 HGB besteht für Finanzanlagen ein Wahlrecht zur Vornahme außerplanmäßiger Abschreibungen bei voraussichtlich vorübergehenden Wertminderungen. Die GmbH darf eine Abschreibung auf den Börsenpreis von 9.500 Euro vornehmen. Die GmbH kann jedoch auch auf eine außerplanmäßige Abschreibung verzichten und die Wertpapiere in ihrer Bilanz zum 31.12. des Jahres 02 mit den Anschaffungskosten i. H. v. 10.000 Euro bewerten.
2. **Die Aktien sind Umlaufvermögen der „J & B Ice GmbH":**
   Nach dem strengen Niederstwertprinzip des § 253 Abs. 4 HGB muss zwingend eine außerplanmäßige Abschreibung auf 9.500 Euro vorgenommen werden.

7.3.5 Zuschreibungen

Nach § 253 Abs. 5 Satz 1 HGB darf ein niedrigerer Wertansatz, der sich aufgrund von außerplanmäßigen Abschreibungen nach § 253 Abs. 3 Sätze 5 und 6 sowie Abs. 4 HGB ergeben hat, nicht beibehalten werden, wenn die Gründe dafür nicht mehr bestehen. Eine Ausnahme von diesem Grundsatz bildet nur der Wertansatz eines entgeltlich erworbenen Geschäfts- oder Firmenwertes. Bei diesem sind zuvor erfolgte außerplanmäßige Abschreibungen gemäß § 253 Abs. 5 Satz 2 HGB nicht durch Zuschreibungen zu kompensieren. Soweit eine Zuschreibung auf den beizulegenden Wert bzw. den Börsen- oder Marktpreis am Bilanzstichtag zu erfolgen hat, darf diese unter Beachtung des Anschaffungskostenprinzips des § 253 Abs. 1 Satz 1 HGB maximal bis zur Höhe der (fortgeführten) Anschaffungs- oder Herstellungskosten vorgenommen werden, auch wenn der Wert am Bilanzstichtag diese überschreitet.

7.4 Bewertungsvereinfachungsverfahren

Grundsätzlich gilt, dass die Bewertung von Vermögensgegenständen und Schulden nach dem Einzelbewertungsgrundsatz des § 252 Abs. 1 Nr. 3 HGB zu erfolgen hat.

Als Ausnahme vom Einzelbewertungsgrundsatz sind für bestimmte Vermögensgegenstände und Schulden Bewertungsvereinfachungsverfahren zulässig. Dies sind

- die Verbrauchsfolgeverfahren (Fifo, Lifo),
- die Festbewertung und die
- Durchschnittsbewertung.

Als **Verbrauchsfolgeverfahren** sind gemäß § 256 Satz 1 HGB das **Lifo-** (Last-in-first-out) und das **Fifo-** (First-in-first-out) Verfahren zulässig. Dabei wird für gleichartige Vermögensgegenstände des Vorratsvermögens unterstellt, „(...) dass die zuerst [Fifo] oder dass die zuletzt [Lifo] angeschafften oder hergestellten Vermögensgegenstände zuerst verbraucht oder veräußert worden sind."

Die **Festbewertung** ist in § 256 Satz 2 i. V. m. § 240 Abs. 3 HGB geregelt. Diese Vorschriften bestimmen, dass im Jahresabschluss „Vermögensgegenstände des Sachanlagevermögens sowie Roh-, Hilfs- und Betriebsstoffe, wenn sie regelmäßig ersetzt werden und ihr Gesamtwert für das Unternehmen von nachrangiger Bedeutung ist, mit einer gleichbleibenden Menge und einem gleichbleibenden Wert angesetzt werden [dürfen], sofern ihr Bestand in seiner Größe, seinem Wert und seiner Zusammensetzung nur geringen Veränderungen unterliegt".

Dabei wird davon ausgegangen, dass Neuzugänge und Verbräuche bzw. ggf. die Anlagenabnutzung übereinstimmen. Daher werden buchhalterisch keine Bestandsveränderungen erfasst, sondern die Neuzugänge aufwandswirksam gebucht. Bei Sachanlagen werden keine planmäßigen Abschreibungen vorgenommen.[75]

Die **Durchschnittsbewertung** ist in § 256 Satz 2 i. V. m. § 240 Abs. 4 HGB kodifiziert. Nach diesen Vorschriften können im Jahresabschluss „Gleichartige Vermögensgegenstände des Vorratsvermögens sowie andere gleichartige oder annähernd gleichwertige bewegliche Vermögensgegenstände und Schulden (...) jeweils zu einer Gruppe zusammengefasst und mit dem gewogenen Durchschnittswert angesetzt werden."

Bei Vorräten wird aus den Beschaffungspreisen des Anfangsbestands und der Zugänge des Jahres der mit den jeweiligen Mengen

[75] Vgl. *Krudewig* (2018), S. 73 f.

gewichtete Preisdurchschnitt ermittelt. Dies erlaubt die Bewertung des Endbestands und der Verbräuche des laufenden Geschäftsjahres.

Das Durchschnittsverfahren kommt auch für die Bewertung von Gewährleistungs- und Kulanzrückstellungen infrage. Voraussetzung dazu ist, dass die Rückstellungsbildung für eine Vielzahl von Produkten einer Warengattung vorgenommen werden soll.[76]

Beispiel zum Lifo- und Fifo-Verfahren und zur Durchschnittsbewertung

Der bekannte Händler von „Classic Cars", Peter Krüger, benötigt für die Aufbereitung der Fahrzeuge größere Mengen hochwertiger Polierpaste. Im Jahr 01 stellt sich sein Bestand wie folgt dar:

Anfangsbestand	01.01.01	200 kg zu 90 Euro/kg
Zugang	13.03.01	150 kg zu 100 Euro/kg
Zugang	13.06.01	150 kg zu 120 Euro/kg
Zugang	13.09.01	150 kg zu 130 Euro/kg
Abgänge insgesamt		400 kg

Aus dem Anfangsbestand, den Zugängen und den Abgängen des laufenden Geschäftsjahres ergibt sich ein Endbestand von (200 kg + 150 kg + 150 kg + 150 kg – 400 kg =) 250 kg.

Nach dem **Lifo**-Verfahren wird unterstellt, dass die zuletzt angeschafften Vorräte zuerst verbraucht wurden. Daher setzt sich der Endbestand von 250 kg aus 50 kg zu 100 Euro/kg und 200 kg zu 90 Euro/kg zusammen. Nach dem Lifo-Verfahren betragen die Anschaffungskosten des Endbestands mithin 23.000 Euro und der Aufwand (Materialeinsatz) 47.500 Euro.

Beim **Fifo**-Verfahren wird davon ausgegangen, dass die zuerst angeschafften Vorräte zuerst verbraucht wurden. Daher setzt sich der Endbestand von 250 kg aus 100 kg zu 120 Euro/kg und 150 kg zu 130 Euro/kg zusammen. Nach dem Fifo-Verfahren betragen die Anschaffungskosten des Endbestands somit 31.500 Euro und der Aufwand (Materialeinsatz) 39.000 Euro.

Das **Durchschnittsverfahren** berücksichtigt die Preise aller Bestandspositionen. Hier gilt:

$$\text{Durchschnittspreis}/€ = \frac{200 \cdot 90 + 150 \cdot 100 + 150 \cdot 120 + 150 \cdot 130}{200 + 150 + 150 + 150} = \frac{70.500}{650} \cong 108,46 \text{ Euro}$$

Mit diesem Preis werden sowohl der Endbestand als auch der Aufwand bewertet – die Anschaffungskosten des Endbestands betragen also 27.115 Euro und der Aufwand (Materialeinsatz) 43.385 Euro.

[76] Vgl. ausführlich *Krüger* (2015), S. 176–181; *Hick* (2021), Rz. 4350–4382.

Abschließend anzumerken ist, dass die Bewertungsvereinfachung lediglich der Ermittlung der Anschaffungskosten dient. Hinsichtlich der Frage, welcher Wert im Jahresabschluss anzusetzen ist, sind die Grundsätze der Folgebewertung, insbesondere das (strenge) Niederstwertprinzip, zu beachten.

7.5 Bewertung von Schulden

7.5.1 Erfüllungsbetrag von Verbindlichkeiten

Gemäß §253 Abs. 1 Satz 2 HGB sind Verbindlichkeiten mit ihrem **Erfüllungsbetrag** zu bewerten.

> Als Erfüllungsbetrag ist der Betrag anzusehen, der aufgewendet werden muss, um eine Verbindlichkeit zu begleichen.

Zur Erfüllung einer Verbindlichkeit kann sowohl eine Geld- als auch eine Sachleistung vereinbart sein. Bei Geldleistungsverpflichtungen entspricht der Erfüllungsbetrag dem Rückzahlungsbetrag. Dieser ist regelmäßig durch Darlehensverträge, Kaufverträge, Rechnungen o. ä. fixiert. Bei Sachleistungsverpflichtungen ist am Bilanzstichtag der der Sachleistung wertmäßig entsprechende Geldbetrag im Zeitpunkt der Erfüllung der Verbindlichkeit zu berücksichtigen. Das heißt auch, dass zukünftige Preis- bzw. Kostensteigerungen zu berücksichtigen sind. Ist der Erfüllungsbetrag am Bilanzstichtag noch nicht gewiss, muss der Kaufmann eine vorsichtige Schätzung vornehmen bzw. ggf. Rückstellungen bilden. Anders als Rückstellungen sind Verbindlichkeiten regelmäßig nicht abzuzinsen (Ausnahme für Verbindlichkeiten i. S. d. §253 Abs. 2 Satz 3 HGB).

Beispiel zur Bewertung von Verbindlichkeiten

Die „J & B Ice GmbH" kauft Anfang des Jahres 03 ein Grundstück zu Anschaffungskosten von 100.000 Euro, auf welchem sie später ein Gebäude für betriebliche Zwecke errichten möchte. In gleicher Höhe nimmt sie bei ihrer Hausbank ein Darlehen auf. Das Darlehen hat eine Laufzeit von 10 Jahren und ist in 10 gleichen Jahresbeträgen von je 10.000 Euro jeweils am Ende des Geschäftsjahres zu tilgen.

Das Grundstück ist gemäß §§ 246 Abs. 1 Satz 1, 247 Abs. 2 HGB im Anlagevermögen der GmbH zu erfassen und im Zugangszeitpunkt nach § 253 Abs. 1 Satz 1 HGB mit den Anschaffungskosten von 100.000 Euro zu bewerten. Da das Grundstück keiner planmäßigen Abnutzung unterliegt und auch keine Gründe für außerplanmäßige Abschreibungen bekannt sind, hat die Bewertung zum Bilanzstichtag des Jahres 03 mit 100.000 Euro zu erfolgen.

Das Darlehen ist ebenfalls gemäß § 246 Abs. 1 Satz 1 HGB zu bilanzieren. Die Verbindlichkeit ist nach § 253 Abs. 1 Satz 2 HGB mit ihrem Erfüllungsbetrag zu bewerten. Im Zugangszeitpunkt entspricht dieser 100.000 Euro. Da Tilgungen jeweils zum Jahresende i. H. v. 10.000 Euro zu erfolgen haben, beträgt die Rückzahlungsverpflichtung (= Erfüllungsbetrag) am Bilanzstichtag des Jahres 03 90.000 Euro.

7.5.2 Nach vernünftiger kaufmännischer Beurteilung notwendiger Erfüllungsbetrag für Rückstellungen

Rückstellungen sind nach § 253 Abs. 1 Satz 2 HGB mit dem nach vernünftiger kaufmännischer Beurteilung notwendigen Erfüllungsbetrags zu bewerten. Dabei sind auch zukünftige Preis- und Kostenänderungen zu erfassen. Für Pensionsrückstellungen können dies beispielsweise Daten sein, wie

- Mitarbeiterfluktuation,
- Sterbe- und Invaliditätswahrscheinlichkeiten,
- Hinterbliebenensituation,
- künftige Karrieretrends,
- künftige Lohn-, Gehalts- und Rententrends sowie
- Renteneintritts- bzw. Pensionierungszeitpunkt und -gewohnheiten.

Bei der Ermittlung der Rückstellungshöhe ist dem das Handelsrecht bestimmenden Vorsichtsprinzip Rechnung zu tragen. Die Bewertung hat sich vorrangig an objektiven Kriterien zu orientieren, jedoch sind bei der Ermittlung häufig Schätzungen erforderlich. Insbesondere die zu berücksichtigenden Preis- und Kostenänderungen lassen sich, ggf. unter Berücksichtigung von Vergangenheitswerten, vielfach nur prognostizieren. Die Rückstellungsbewertung soll daher „nach vernünftiger kaufmännischer Beurteilung", d. h. mit dem wahrscheinlichsten Wert (des Erfüllungsbetrags der zukünftigen Verbindlichkeit, der Höhe des zukünftigen Verlusts bzw. Aufwands) erfolgen.

Beispiel zur Bewertung von Rückstellungen für ungewisse Verbindlichkeiten

Der „J & B Ice GmbH" droht aufgrund einer Auseinandersetzung mit einem Kunden eine Schadenersatzforderung. Nach Ansicht des Rechtsanwalts der GmbH ist der Anspruch weitestgehend unstrittig. Hinsichtlich der Höhe hält der Anwalt aus Erfahrung einen Betrag von ca. 9.000 Euro, eher 10.000 Euro für wahrscheinlich.

Die GmbH muss gemäß §§246 Abs. 1 Satz 1 i.V.m. 249 Abs. 1 Satz 1 HGB zwingend eine Rückstellung für ungewisse Verbindlichkeiten bilanzieren. Die Höhe lässt sich nur schätzen. Unter Beachtung der §§252 Abs. 1 Nr. 4 i.V.m. 253 Abs. 1 Satz 2 HGB ist der wahrscheinlichste Wert für den Erfüllungsbetrag der zukünftigen Verbindlichkeit mit 10.000 Euro anzunehmen. In dieser Höhe ist nach handelsrechtlichen Grundsätzen die Rückstellung in den Jahresabschluss der „J & B Ice GmbH" aufzunehmen.

Beispiel zur Bewertung von Rückstellungen für drohende Verluste aus schwebenden Geschäften

Der „J & B Ice GmbH" droht aufgrund eines in US-Dollar abgeschlossenen Vertrags ein Verlust aus einem schwebenden Geschäft. Am Bilanzstichtag wird der daraus resultierende Aufwand auf voraussichtlich 2.000 Euro geschätzt.

Die GmbH muss gemäß §§246 Abs. 1 Satz 1 i.V.m. 249 Abs. 1 Satz 1 HGB zwingend eine Rückstellung für drohende Verluste aus schwebenden Geschäften bilanzieren. Die Höhe lässt sich nur schätzen. Unter Beachtung der §§252 Abs. 1 Nr. 4 i.V.m. 253 Abs. 1 Satz 2 HGB ist der wahrscheinlichste Wert für den zukünftigen Verlust (= Aufwand) mit 2.000 Euro anzunehmen. In dieser Höhe ist nach handelsrechtlichen Grundsätzen die Rückstellung in den Jahresabschluss der „J & B Ice GmbH" aufzunehmen.

§253 Abs. 2 Satz 1 HGB schreibt für Rückstellungen mit einer Restlaufzeit von mehr als einem Jahr eine **Abzinsung** mit einem ihrer Restlaufzeit entsprechenden durchschnittlichen Marktzinssatz vor. Der Durchschnitt ist bei Altersversorgungsverpflichtungen (Pensionsrückstellungen) aus den Zinssätzen der vergangenen zehn Geschäftsjahre, bei sonstigen Rückstellungen aus den Zinssätzen der vergangenen sieben Geschäftsjahre zu ermitteln. Aus Vereinfachungsgründen dürfen gemäß §253 Abs. 2 Satz 2 HGB Pensionsrückstellungen pauschal mit dem durchschnittlichen Marktzinssatz einer angenommenen Restlaufzeit von 15 Jahren abgezinst werden. Dieses Wahlrecht ist unter Beachtung des Stetigkeitsgebotes des §252 Abs. 1 Nr. 6 HGB auszuüben.

Der – verpflichtend anzuwendende – Zinssatz wird gemäß §253 Abs. 2 Satz 4 HGB monatlich durch die Deutsche Bundesbank auf Basis der Rückstellungsabzinsungsverordnung (RückAbzinsV) ermittelt und veröffentlicht. Die aus der Änderung des bei der Abzinsung anzuwendenden Zinssatzes resultierenden Aufwendungen und Erträge sind nach §277 Abs. 5 Satz 1 HGB ergebniswirksam als „Zinsen und ähnliche Aufwendungen" bzw. „Sonstige Zinsen und ähnliche Erträge" zu erfassen.

7.6 Währungsumrechnung

Grundsätzlich können Vermögensgegenstände und Schulden in fremder Währung bestehen. Im Zeitpunkt des Zugangs solcher Posten erfolgt eine erfolgsneutrale Umrechnung der Fremdwährung in Euro. Das Ergebnis stellt für Vermögensgegenstände die Anschaffungs- bzw. Herstellungskosten, für Verbindlichkeiten den Erfüllungsbetrag dar. Sind die betreffenden Posten auch an folgenden Bilanzstichtagen noch Bestandteil des Betriebsvermögens und bestehen sie noch in Fremdwährung, muss am Bilanzstichtag eine Folgebewertung und eine erneute Umrechnung des Währungsbetrags in Euro erfolgen, da der Jahresabschluss gemäß § 244 HGB grundsätzlich in Euro aufzustellen ist. Beispiele sind Forderungen und Verbindlichkeiten in fremder Währung sowie auf fremde Währung lautende Wertpapiere des Anlage- oder Umlaufvermögens, z. B. Anleihen ausländischer Emittenten.

Vorschriften zur Umrechnung von **am Abschlussstichtag auf fremde Währung lautenden Vermögensgegenständen und Verbindlichkeiten** enthält § 256a HGB. Nach seinem Satz 1 ist der Devisenkassamittelkurs am Abschlussstichtag heranzuziehen. Davon ausgehend sind die allgemeinen handelsrechtlichen Bewertungsregeln anzuwenden (Anschaffungskostenprinzip, Niederstwertprinzip).

Bei Restlaufzeiten von einem Jahr oder weniger sind nach § 256a Satz 2 HGB die §§ 253 Abs. 1 Satz 1 und 252 Abs. 1 Nr. 4 Halbs. 2 HGB nicht anzuwenden. Der Wert nach der Währungsumrechnung am Bilanzstichtag ist mithin auch dann zu wählen, wenn damit noch nicht realisierte Erträge entstehen. Dies gilt auch, wenn die Anschaffungs- bzw. Herstellungskosten eines Vermögensgegenstands überschritten bzw. der Erfüllungsbetrag einer Verbindlichkeit vermindert wird.

7.7 Zusammenfassung

1. Im Rahmen der Bewertung (Bilanzansatz der Höhe nach) ist die Frage zu beantworten, mit welchem Wert Vermögensgegenstände, Schulden etc. in den Jahresabschluss eingehen.
2. Vorschriften zur Bewertung enthält das HGB für alle Kaufleute in seinen §§ 252 bis 256a HGB; ergänzend für Kapitalgesellschaften in § 274 HGB.
3. Eine Bewertung ist gemäß § 242 Absätze 1 und 2 HGB zu Beginn des Handelsgewerbes sowie am Schluss eines jeden Geschäftsjahres vorzunehmen.

4. Zu diesen Zeitpunkten hat der Kaufmann nach §252 Abs.1 Nr.3 HGB seine sämtlichen Vermögensgegenstände, Schulden etc. jeweils einzeln zu bewerten – und zwar im Zugangszeitpunkt (Zugangsbewertung) sowie zu den folgenden Bilanzstichtagen, soweit die Posten noch zum Betriebsvermögen des Kaufmanns gehören (Folgebewertung).
5. Bei der Bewertung ist regelmäßig der Grundsatz der Einzelbewertung zu beachten, es sei denn, die handelsrechtlichen Vorschriften lassen Ausnahmen zu (z.B. Fifo, Lifo, Durchschnittsbewertung).
6. Wertaufhellende Tatsachen sind gemäß §252 Abs.1 Nr.4 HGB bei der Bewertung zu berücksichtigen. Überdies sind die allgemeinen Bewertungsgrundsätze des §252 HGB zu beachten.
7. Handelsrechtliche Bewertungsmaßstäbe für Vermögensgegenstände sind die (fortgeführten) Anschaffungs- bzw. Herstellungskosten, der (niedrigere) beizulegende Wert am Abschlussstichtag sowie der Börsen- oder Marktpreis. Für Verbindlichkeiten ist der Erfüllungsbetrag, für Rückstellungen der nach vernünftiger kaufmännischer Beurteilung notwendige Erfüllungsbetrag zu bestimmen.
8. Der handelsrechtliche Anschaffungskostenbegriff (als Wertmaßstab für erworbene Vermögensgegenstände) wird in §255 Abs.1 HGB bestimmt. Es handelt sich um die Aufwendungen zum Erwerb und der Inbetriebnahme eines Vermögensgegenstands einschließlich Anschaffungsnebenkosten und nachträglicher Anschaffungskosten, verringert um Anschaffungspreisminderungen. Gemeinkosten, kalkulatorische Kosten, Fremdkapitalzinsen sowie Umsatzsteuer (soweit als Vorsteuer abziehbar) sind nicht in die Anschaffungskosten einzubeziehen.
9. Der Begriff der Herstellungskosten (für im Unternehmen selbst geschaffene Vermögensgegenstände) ist handelsrechtlich in §255 Abs.2 Satz 1 HGB definiert. Es handelt sich um Aufwendungen für Güter und Dienstleistungen, die für die Herstellung, Erweiterung oder wesentliche Verbesserung von Vermögensgegenständen in Anspruch genommen werden.
10. Der Umfang der Herstellungskosten wird in §255 Absätze 2, 2a und 3 HGB festgelegt. Aufwendungen, die im direkten Zusammenhang mit der Herstellung stehen (insbesondere Material- und Fertigungskosten) sind zwingend bei der Ermittlung der Herstellungskosten zu berücksichtigen (Herstellungskostenuntergrenze). Durch die Einbeziehung von Wahlbestandteilen ergibt sich die Herstellungskostenobergrenze. Forschungs- und Vertriebskosten dürfen gemäß §255 Abs.2 Satz 4 HGB nie berücksichtigt werden.

11. Bei der Folgebewertung von Vermögensgegenständen sind beim abnutzbaren Anlagevermögen planmäßige und bei sämtlichen Vermögensgegenständen ggf. außerplanmäßige Abschreibungen zu berücksichtigen.
12. Im Rahmen der planmäßigen Abschreibung können verschiedene Methoden angewendet werden, z.B. die lineare, die degressive und die leistungsabhängige Abschreibung. Auch die Sofortabschreibung und die Bildung eines Sammelpostens sind handelsrechtlich möglich.
13. Für das Anlagevermögen gilt das gemilderte Niederstwertprinzip. Das bedeutet, dass außerplanmäßige Abschreibungen nur bei voraussichtlich dauernden Wertminderungen vorgenommen werden dürfen. Eine Ausnahme bilden die Finanzanlagen, die wahlweise auch bei voraussichtlich vorübergehender Wertminderung abgeschrieben werden dürfen.
14. Für das Umlaufvermögen ist das strenge Niederstwertprinzip zu beachten.
15. Positionen in Fremdwährung sind umzurechnen. Dabei ist §256a HGB zu beachten.

Übungsaufgaben und Lösungen

8

8.1 Übungsaufgaben

Aufgabe 1: Inwieweit werden durch die nachfolgend aufgeführten Sachverhalte Auszahlungen, Ausgaben bzw. Aufwendungen ausgelöst?

1. Ein Unternehmen (GmbH) bestellt einen neuen PKW für die Geschäftsführerin. Der PKW wird erst im Folgejahr geliefert und sofort bei Übergabe bezahlt.
2. Das Unternehmen überweist die Kfz-Steuer für das laufende Jahr.
3. Die GmbH erzielt Einnahmen aus der Vermietung eines Ladenlokals. Die Mietzahlung erfolgt über das Bankkonto der GmbH.
4. Das Unternehmen erwirbt ein neues Werksgelände. Der Kaufpreis wird im laufenden Jahr per Überweisung beglichen.
5. Zur Finanzierung dieses Werkgeländes wird ein Bankkredit aufgenommen. Die Auszahlung des Darlehensbetrages erfolgt zunächst auf das Bankkonto der GmbH.
6. Reparaturkosten für eine Verpackungsmaschine werden direkt nach Abschluss der Arbeiten in bar beglichen.
7. Am Ende des Geschäftsjahres schreibt die GmbH den PKW planmäßig ab.

Aufgabe 2: Prüfen Sie das Vorliegen der handelsrechtlichen Buchführungspflicht für die folgenden Sachverhalte.

1. Eine seit Beginn des Geschäftsjahres freiberuflich tätige Zahnärztin erzielte im ersten abgelaufenen Geschäftsjahr Umsatzerlöse von 250.000 Euro und einen Jahresüberschuss von 45.000 Euro.
2. Ein Fliesenlegermeister betreibt sein Unternehmen in der Rechtsform eines Einzelunternehmens. Er beschäftigt drei handwerkliche Mitarbeitende. Die Umsatzerlöse betrugen in den letzten drei Geschäftsjahren jeweils ca. 300.000 Euro, die Jahresergebnisse jeweils zwischen 45.000 Euro und 55.000 Euro.

3. Für eine GmbH, deren Geschäftszweck die ingenieurwissenschaftliche Beratung ist, liegen folgende Daten vor: Die Umsatzerlöse betrugen in den letzten beiden Geschäftsjahren jeweils ca. 20.000 Euro, die Jahresergebnisse jeweils zwischen 5.000 Euro und 10.000 Euro.

Aufgabe 3: Entscheiden Sie, welche Bestandsveränderungen (Aktivtausch, Passivtausch, Aktiv-Passiv-Minderung, Aktiv-Passiv-Mehrung) aus den folgenden Geschäftsfällen resultieren. Begründen Sie Ihre Einschätzung.

1. Barabhebung vom Bankkonto zugunsten der Kasse
2. Tilgung eines Darlehens zu Lasten des Bankkontos
3. Kauf von Büro- und Geschäftsausstattung auf Ziel
4. Barverkauf eines nicht mehr betrieblich zu nutzenden PKW zum Buchwert
5. Ausgleich einer Forderung LuL durch Bareinzahlung
6. Ausgleich des Kontokorrentkredits durch Aufnahme eines Darlehens
7. Fälligkeit einer Finanzanlage und Gutschrift des Nennbetrags auf das Bankkonto
8. Zahlung einer Eingangsrechnung per Überweisung

Aufgabe 4: Beurteilen Sie für den folgenden Sachverhalt den Bilanzansatz (Bilanzierung und Bewertung) zum 31.12.01.

Im Jahr 01 hat die „Taschen GmbH“ die „Leder GmbH“ zum Kaufpreis von 10.000.000 Euro erworben. Sie erhofft sich durch den Kauf des ehemaligen Zuliefererbetrieb Synergiepotentiale und entsprechend höhere Ergebnisse. Zum 1.7. des Jahres 01 übernimmt sie sämtliche Vermögensgegenstände und Schulden der „Leder GmbH“. Der Zeitwert des Vermögens hat 16.000.000 Euro, der Zeitwert der Schulden 9.000.000 Euro betragen. Die „Taschen GmbH“ geht davon aus, dass sie ca. 10 Jahre einen Nutzen aus der Transaktion ziehen kann.

Aufgabe 5: Beurteilen Sie, ob in den folgenden Fällen die Bildung von Rückstellungen erforderlich ist.

1. Die „V-GmbH“ hat am 30.11. des Jahres 01 einen Vertrag über den Absatz von 1.000 Tonnen Sand zu 20 Euro/Tonne mit dem Abnehmer K geschlossen. Als Liefer- und Zahlungstermin wurde der 31.01. des Jahres 02 vereinbart. Die „V-GmbH“ hat den Sand im Juni des Jahres 01 von ihrem Lieferanten zu Anschaffungskosten von 18 Euro/Tonne bezogen. Am Bilanzstichtag des Jahres 01 betrug der Marktpreis 17 Euro/Tonne.
2. Die „K-GmbH“ hat am 30.11. des Jahres 01 einen Kaufvertrag über 1.000 Tonnen Sand zum Preis von 20 Euro/Tonne mit dem

Händler V geschlossen, da sie einen Auftrag für die Verfüllungsarbeiten auf einer Großbaustelle erhalten hat. Als Liefer- und Zahlungstermin wurde der 31.01. des Jahres 02 vereinbart. Am Bilanzstichtag des Jahres 01 betrug der Marktpreis 17 Euro/Tonne.

3. Die „K-GmbH“ lässt eine Spezialmaschine alle zwei Jahre warten. Der Aufwand beträgt regelmäßig 3.000 Euro. Im Jahr 01 kann die Wartung aufgrund von Terminschwierigkeiten beim ausführenden Unternehmen nicht turnusgemäß erfolgen. Stattdessen werden die Arbeiten im Februar 02 nachgeholt und aller Voraussicht nach auch abgeschlossen; eine schriftliche Terminbestätigung liegt vor.
4. Die „K-GmbH“ betreibt eine auf ihre individuellen Betriebsabläufe angepasste Spezialmaschine. Mitte Dezember des Geschäftsjahres 01 fällt bei dieser der Motor aus. Die Reparatur kann erst im ersten Quartal des folgenden Jahres durchgeführt werden, da das mit der Reparatur beauftragte Unternehmen kurzfristig keinen Auftrag annehmen kann. Die „K-GmbH“ bildet aus diesem Grund zum Bilanzstichtag 01 korrekt eine Instandhaltungsrückstellung. Im Februar 02 wird festgestellt, dass eine Reparatur des Motors nicht möglich ist. Daher entscheidet sich die „K-GmbH“, die Maschine mit einem Motor der neuesten Technologie ausstatten zu lassen und insgesamt umfangreich zu erneuern. Ihre Produktionskapazität wird nach Abschluss der Arbeiten 40 % höher als zuvor sein.

Aufgabe 6: Beurteilen Sie für den folgenden Sachverhalt den Bilanzansatz (Bilanzierung und Bewertung) zum 31.12.01.

Die „Turnschuh GmbH“ hat in der ersten Hälfte des Geschäftsjahres 01 ein Patent für einen optimierten Produktionsablauf entwickelt, welches sie ab der zweiten Hälfte des Jahres 01 für eigene betriebliche Zwecke nutzen möchte. Die Entwicklungskosten betragen 100.000 Euro. Die voraussichtliche Nutzungsdauer wird auf 5 Jahre geschätzt.

Aufgabe 7: Ermitteln Sie die Höhe der handelsrechtlichen Anschaffungskosten.

Die „Farben und Lacke GmbH“ kauft bei der „Maschinen AG“ eine neue Mischmaschine. Als Kaufpreis wurden 100.000 Euro (netto) vereinbart. Überdies übernimmt die „Maschinen AG“ die Installation der Maschine in der Produktionshalle der „Farben und Lacke GmbH“. Hierfür leistet die „Farben und Lacke GmbH“ weitere 2.000 Euro an die „Maschinen AG“. Bei der Lieferung und dem Aufbau der Maschine verursachen die Techniker der „Maschinen AG“ unschöne Kratzer an der Maschine. Da die Maschine dadurch technisch nicht beeinträchtigt ist, mindert die „Farben und Lacke GmbH" in Absprache mit der „Maschinen AG" den Kaufpreis um 5 %.

Aufgabe 8: Ermitteln Sie die Wertuntergrenze und die Wertobergrenze der Herstellungskosten.

Die „Farben und Lacke GmbH" stellt für den Einsatz im eigenen Produktionsprozess eine neue Abfüllanlage her. Dabei entstehen folgende Aufwendungen:

Aufwendungen für bezogenes Material	57.500 Euro
angemessene Materialgemeinkosten	1.550 Euro
Fertigungslöhne inkl. Sozialabgaben	13.450 Euro
Aufwendungen für ein Spezialwerkzeug	1.500 Euro
durch die Fertigung der Maschine veranlasster Werteverzehr	1.000 Euro
angemessene Aufwendungen für die allgemeine Verwaltung	3.750 Euro
angemessene Aufwendungen für soziale Einrichtungen des Betriebs	1.250 Euro

Aufgabe 9: Zeigen Sie auf, welche Abschreibungsmöglichkeiten im folgenden Sachverhalt bestehen.

Die „Juli AG" hat zu Beginn des Geschäftsjahres 01 für ihre Büros 10 neue Schreibtische zu Anschaffungskosten von jeweils 650 Euro erworben. Die voraussichtliche Nutzungsdauer beträgt 13 Jahre. Bei den Schreibtischen handelt es sich um abnutzbare bewegliche Vermögensgegenstände des Anlagevermögens, die selbständig genutzt werden können.

Aufgabe 10: Beurteilen Sie, ob im folgenden Sachverhalt außerplanmäßige Abschreibungen vorzunehmen sind.

Die Zuckersüß GmbH stellt Bonbons her. Für die Ausweitung der Produktion hat sie vor einigen Jahren ein bebautes Grundstück zur Nutzung als Fabrikhalle erworben. Der Kaufpreis für Grundstück und Gebäude betrug insgesamt 10 Mio. Euro. Am 31.12. des Jahres 07 beträgt der Buchwert (unter Berücksichtigung der planmäßigen Abschreibungen auf das Gebäude) 8,5 Mio. Euro; der Verkehrswert beträgt aufgrund eines allgemeinen Preisverfalls für derartige Objekte nur noch 7 Mio. Euro.

Aufgabe 11: Beurteilen Sie den Bilanzansatz des Grundstücks zum 31.12.10.

Die Zuckersüß GmbH hat ein bebautes Grundstück zum 31.12. des Jahres 07 um 1,5 Mio. Euro abgeschrieben, da zu diesem Zeitpunkt davon auszugehen war, dass eine voraussichtlich dauernde Wertminderung aufgrund eines allgemeinen Preisverfalls für derartige Objekte eingetreten sei. Am Bilanzstichtag des Jahres 10 wird durch ein Gutachten ein Verkehrswert von 10 Mio. Euro ermittelt. Zu begründen ist dies damit, dass das Gewerbegebiet, in dem das Grundstück belegen ist, eine eigene Autobahnauffahrt erhalten und somit deutlich attraktiver für Gewerbeansiedlungen sein wird. Die fortgeführten Anschaffungskosten betragen am Bilanzstichtag 8 Mio. Euro.

Aufgabe 12: Beurteilen Sie den Bilanzansatz der Forderung zum 31.12.01, wenn die Restlaufzeit der Forderung a) 16 Monate und b) 8 Monate beträgt.

Bei der „Sailing GmbH" besteht seit dem 01.07. des Geschäftsjahres 01 eine Forderung aus Lieferungen und Leistungen in Höhe von 100.000 US-Dollar. Der Umrechnungskurs hat zu diesem Zeitpunkt 1 US-Dollar = 0,85 Euro betragen. Am 31.12. des Jahres 01 (Bilanzstichtag) besteht die Forderung noch. Der Devisenkassamittelkurs am Abschlussstichtag beträgt 1 US-Dollar = 0,90 Euro.

8.2 Lösungen

Zu Aufgabe 1:

1. Im Zeitpunkt der Bestellung des PKW liegen weder eine Auszahlung noch eine Ausgabe oder ein Aufwand vor. Erst bei Übergabe im Folgejahr kommt es zu einer Auszahlung und zu einer Ausgabe in Höhe des Kaufpreises. Aufwand entsteht erst, wenn der PKW einem Werteverzehr unterliegt (Abschreibungen).
2. Die Zahlung der Kfz-Steuer bewirkt gleichzeitig eine Auszahlung, eine Ausgabe und Aufwand.
3. Die Vermietung des Ladenlokals führt nicht zur Entstehung einer der genannten Rechengrößen. Vielmehr werden eine Einzahlung, eine Einnahme und ein Ertrag ausgelöst.
4. Es liegen eine Auszahlung und eine Ausgabe, jedoch kein Aufwand vor.
5. Im Zeitpunkt der Darlehensaufnahme und Gutschrift auf dem Bankkonto der GmbH liegen weder eine Auszahlung noch eine Ausgabe oder ein Aufwand vor. Es handelt sich um eine Einzah-

lung, da der Zahlungsmittelbestand erhöht wird, jedoch nicht um eine Einnahme, da das Geldvermögen gleichbleibt.
6. Es liegen Auszahlungen, Ausgaben und Aufwendungen vor.
7. Die Vornahme von Abschreibungen führt zu Aufwand.

Zu Aufgabe 2:

1. Die Zahnärztin ist freiberuflich tätig. Sie betreibt mithin kein Handelsgewerbe / keinen Gewerbebetrieb i. S. d. HGB und ist somit auch kein Kaufmann nach §§ 1, 2, 3 und 6 HGB. Sie ist handelsrechtlich nicht verpflichtet, Bücher zu führen. Auf die Höhe der Umsatzerlöse und des Jahresergebnisses kommt es nicht an.
2. Der Fliesenlegermeister übt ein Handelsgewerbe aus bzw. betreibt einen Gewerbebetrieb. Benötigte er dazu einen nach Art und Umfang in kaufmännischer Weise eingerichteten Geschäftsbetrieb, wäre er als Kaufmann kraft Betätigung i. S. d. § 1 HGB anzusehen. Damit wäre er zunächst nach den Vorschriften des HGB buchführungspflichtig. Wann ein in kaufmännischer Weise eingerichteter Geschäftsbetrieb vorliegt, ist gesetzlich nicht konkret definiert. Orientiert man sich beispielsweise an der Zahl und den Aufgaben der Mitarbeitenden im Unternehmen, ließe sich die Notwendigkeit eines in kaufmännischer Weise eingerichteten Geschäftsbetriebs verneinen. Käme man zu dem Schluss, ein in kaufmännischer Weise eingerichteter Geschäftsbetrieb wäre für die Tätigkeit notwendig, wäre der Fliesenlegermeister Kaufmann nach § 1 HGB und damit buchführungspflichtig. Er könnte in diesem Fall jedoch die Befreiungsvorschrift des § 241a HGB nutzen und bräuchte als Einzelunternehmer mit entsprechend geringen Umsatzerlösen und Jahresergebnissen der handelsrechtlichen Buchführungspflicht nicht zu folgen. Aufgrund der Rechtsform eines Einzelunternehmens ist der Fliesenlegermeister kein Formkaufmann nach § 6 HGB. Seine Kaufmannseigenschaft begründet sich auch nicht auf einer freiwilligen Registereintragung (§§ 2, 3 HGB). Eine zwingende Grundlage für die Begründung einer handelsrechtlichen Buchführungspflicht liegt mithin nicht vor.
3. Eine GmbH ist aufgrund ihrer Rechtsform stets Kaufmann i. S. d. § 6 HGB und folglich nach § 238 Abs. 1 Satz 1 HGB zur handelsrechtlichen Buchführung verpflichtet. Die Höhe der Umsatzerlöse und der Jahresergebnisse sind unerheblich, da die Befreiungsvorschrift des § 241a HGB ausschließlich von Einzelunternehmen angewendet werden darf.

zu Aufgabe 3:

1. Es handelt sich um einen Aktivtausch, da durch den Geschäftsvorfall ausschließlich Positionen der Aktivseite der Bilanz ange-

sprochen werden, die sich in betragsmäßig gleicher Höhe gegenläufig (Mehrung „Kasse", Minderung „Bank") verändern. Die Bilanzsumme bleibt gleich.

2. Es liegt eine Aktiv-Passiv-Minderung vor, da der Geschäftsvorfall eine Position der Aktivseite der Bilanz („Bank") und eine Position der Passivseite („Verbindlichkeiten gegenüber Kreditinstituten") betrifft, die in gleicher Höhe vermindert werden. Gleichzeitig verringert sich die Bilanzsumme in entsprechender Höhe.
3. Es liegt eine Aktiv-Passiv-Mehrung vor, da der Geschäftsvorfall zwei Positionen der Aktivseite der Bilanz („BGA" und „Vorsteuer") und eine Position der Passivseite („Verbindlichkeiten L+L") betrifft, die insgesamt um den gleichen Betrag erhöht werden. Gleichzeitig erhöht sich die Bilanzsumme entsprechend.
4. Es handelt sich um eine Aktiv-Passiv-Mehrung, da sowohl Positionen der Aktivseite („Fuhrpark" und „Kasse") als auch der Passivseite („Umsatzsteuer") tangiert werden. Die Aktivposition „Fuhrpark" wird um den Buchwert des PKW gemindert (Nettobetrag). Die Aktivposition „Kasse" wird in Höhe des Buchwerts des PKW zuzüglich der Umsatzsteuer (Bruttobetrag) erhöht. Auf der Passivseite der Bilanz kommt es zu einer Erhöhung in Höhe des reinen Umsatzsteuerbetrags. Die Bilanzsumme steigt in Höhe des Betrags der Umsatzsteuer.
5. Es handelt sich um einen Aktivtausch, da durch den Geschäftsvorfall ausschließlich Positionen der Aktivseite der Bilanz angesprochen werden, die sich in betragsmäßig gleicher Höhe gegenläufig (Mehrung „Kasse", Minderung „Forderungen L+L") verändern. Die Bilanzsumme bleibt gleich.
6. Es liegt ein Passivtausch vor, da lediglich Positionen der Passivseite („Kurzfristige Verbindlichkeiten" und „Langfristige Verbindlichkeiten" betroffen sind, die sich in ihrer Höhe gegenseitig ausgleichen. Es kommt durch den Geschäftsvorfall nicht zu einer Änderung der Höhe der Bilanzsumme.
7. Es handelt sich um einen Aktivtausch, da durch den Geschäftsvorfall ausschließlich Positionen der Aktivseite der Bilanz angesprochen werden, die sich betraglich ausgleichen (Mehrung „Bank", Minderung „Finanzanlagen). Die Bilanzsumme bleibt gleich. Lediglich die Struktur des Vermögens hat sich zugunsten des Umlaufvermögens verändert.
8. Es liegt eine Aktiv-Passiv-Minderung vor, da der Geschäftsvorfall eine Position der Aktivseite der Bilanz („Bank") und eine Position der Passivseite („Verbindlichkeiten L+L") betrifft, die in gleicher Höhe vermindert werden. Gleichzeitig verringert sich die Bilanzsumme in entsprechender Höhe.

zu Aufgabe 4:

Bei der Übernahme der „Leder GmbH“ durch die „Taschen GmbH“ ist ein entgeltlich erworbener Geschäfts- oder Firmenwert entstanden, denn der Kaufpreis, den die „Taschen GmbH“ zahlt, ist um 3.000.000 Euro höher als das Reinvermögen, welches sie erhält:

Zeitwert des Vermögens am 01.07.01	16.000.000 Euro
./. Zeitwert der Schulden am 01.07.01	9.000.000 Euro
= Reinvermögen	7.000.000 Euro

Der entgeltlich erworbene Geschäfts- oder Firmenwert gilt nach § 246 Abs. 1 Satz 4 HGB als zeitlich begrenzt nutzbarer Vermögensgegenstand. Er unterliegt einer Ansatzpflicht. Die Anschaffungskosten haben 3.000.000 Euro betragen. Mit diesem Wert ist der GoF im Zugangszeitpunkt zu erfassen. Da es sich definitionsgemäß um einen zeitlich begrenzt nutzbaren Vermögensgegenstand des Anlagevermögens handelt, ist der Wert des GoF planmäßig über die Nutzungsdauer abzuschreiben. Diese beträgt angabegemäß 10 Jahre. Im Geschäftsjahr 01 ist der jährliche Abschreibungsbetrag p. r. t. zu erfassen, d. h. es ist nur für ein halbes Jahr abzuschreiben. Der Abschreibungsbetrag für das Jahr 01 beträgt mithin (3.000.000 Euro : 10 Jahre · 1/2 =) 150.000 Euro. Der Wert des Geschäfts- oder Firmenwertes in der Bilanz zum 31.12.01 beträgt somit 2.850.000 Euro.

zu Aufgabe 5:

1. Da der Sand am Bilanzstichtag bereits zum Umlaufvermögen der „K-GmbH“ gehört, ist keine Rückstellung für drohende Verluste aus schwebenden Geschäften zu bilden, sondern aufwandswirksam eine außerplanmäßige Abschreibung auf die Anschaffungskosten des Sands i. H. v. 1.000 Euro zu erfassen.
2. Da zum Bilanzstichtag der Kaufvertrag i. S. d. Verpflichtungsgeschäftes, nicht hingegen die Erfüllungsgeschäfte in Form der Lieferung des Sands und der Zahlung des Kaufpreises erfolgt sind und damit keine Änderung einer bestehenden Bilanzposition vorgenommen werden kann, ist aufwandswirksam eine Rückstellung für drohende Verluste i. H. v. 3.000 Euro in der Bilanz der „K-GmbH“ zu erfassen.
3. Da die Nachholung im ersten Quartal des nachfolgenden Jahres wahrscheinlich ist, ist der Aufwand durch die Bildung einer Rückstellung für unterlassene Instandhaltungsaufwendungen zwingend dem Geschäftsjahr 01 zuzuordnen.

4. Die Maßnahme versetzt die Spezialmaschine nicht nur in den ursprünglichen, für die betriebliche Nutzung erforderlichen, Zustand. Vielmehr wird die Produktionskapazität so umfassend vergrößert, dass es sich nicht mehr um eine Instandhaltung, sondern um eine Erweiterung handelt. Die Aufwendungen dürfen daher nicht vollständig im Zeitpunkt des Anfalls als Aufwand berücksichtigt werden, sondern sind als nachträgliche Herstellungskosten zu erfassen und im Rahmen der planmäßigen Abschreibungen auf die Nutzungsdauer zu verteilen. Die im Jahr 01 aufwandswirksam gebildete Rückstellung war nicht korrekt und muss im folgenden Jahr erfolgswirksam korrigiert werden.

zu Aufgabe 6:

Das Patent ist ein selbst geschaffener immaterieller Vermögensgegenstand des Anlagevermögens, für den die „Turnschuh GmbH" nach § 248 Abs. 2 Satz 1 HGB ein Bilanzierungswahlrecht hat. Der Bilanzansatz zum 31.12.01 hängt davon ab, ob die „Turnschuh GmbH" ein möglichst hohes oder ein möglichst geringes Jahresergebnis anstrebt.

Strebt die „Turnschuh GmbH" im Geschäftsjahr 01 den Ausweis eines möglichst hohen Jahresergebnisses an, ist im Zugangszeitpunkt eine erfolgswirksam zu buchende Aktivierung des Patents i. H. v. 100.000 Euro vorzunehmen. Im Jahr 01 sind planmäßige Abschreibungen in Höhe von (100.000 Euro : 5 · 1/2 =) 10.000 Euro zu erfassen. Das Patent ist mit einem Wert von 90.000 Euro in der Bilanz der „Turnschuh GmbH" zum 31.12.01 auszuweisen.

Strebt die „Turnschuh GmbH" im Geschäftsjahr 01 den Ausweis eines möglichst geringen Jahresergebnisses an, ist keine Aktivierung des Patents vorzunehmen. Die Entwicklungskosten stellen im Jahr 01 Aufwand i. H. v. 100.000 Euro dar. Das Ergebnis der Folgejahre wird nicht beeinflusst.

Zu beachten ist, dass die Ausübung des Ansatzwahlrechts unter Beachtung des Stetigkeitsgebotes erfolgen muss. Entwickelt die „Turnschuh GmbH" beispielsweise regelmäßig Patente, muss sie sich i. d. R. auch für den o. g. Sachverhalt am bisherigen Vorgehen orientieren.

zu Aufgabe 7:

Die Anschaffungskosten der Maschine setzen sich gemäß § 255 Abs. 1 HGB aus dem Kaufpreis (Satz 1) sowie den Anschaffungsnebenkosten und nachträglichen Anschaffungskosten (Satz 2) zusammen. Anschaffungspreisminderungen (Satz 3) sind abzuziehen. Umsatzsteuer ist gemäß § 9b EStG regelmäßig nicht Teil der Anschaffungskosten. Die Anschaffungskosten der Mischmaschine betragen:

Kaufpreis	100.000 Euro	netto, ohne Umsatzsteuer
./. Minderung 5%	./. 5.000 Euro	Anschaffungspreisminderung
+ Installation	+ 2.000 Euro	Anschaffungsnebenkosten (betriebsbereiter Zustand, netto)
= Anschaffungskosten	= 97.000 Euro	

zu Aufgabe 8:

Die Herstellungskosten der Abfüllanlage setzen sich aus den Pflichtbestandteilen (Wertuntergrenze) gemäß §255 Abs. 2 Satz 2 HGB und den Wahlbestandteilen nach §255 Abs. 2 Satz 3 und Abs. 3 Satz 2 HGB (Wertobergrenze) zusammen. Aufwendungen i. S. d. §255 Abs. 2 Satz 4 HGB dürfen nicht berücksichtigt werden.

Die Aufwendungen für Material und Fertigung (Positionen 1 bis 5) sind gemäß §255 Abs. 2 Satz 2 HGB als Pflichtbestandteile zwingend in die Herstellungskosten der Abfüllanlage einzubeziehen. Die **Wertuntergrenze** der Maschine beträgt **75.000 Euro**.

Durch die freiwillige Berücksichtigung der Wahlbestandteile i. S. d. §255 Abs. 2 Satz 3 HGB (angemessene Aufwendungen für die allgemeine Verwaltung und soziale Einrichtungen des Betriebs) i. H. v. 5.000 Euro beträgt die **Wertobergrenze 80.000 Euro**.

Die Abfüllanlage ist mithin mindestens mit dem Wert von 75.000 Euro zu bewerten. In diesem Fall bleiben die Aufwendungen für die allgemeine Verwaltung und für soziale Einrichtungen des Betriebs weiterhin aufwandswirksam. Im Fall der Berücksichtigung der Wahlbestandteile werden auch diese Aufwendungen durch eine erfolgswirksame Buchung kompensiert. Das Jahresergebnis GmbH (ohne Berücksichtigung planmäßiger Abschreibungen) ist in dem Fall um 5.000 Euro höher als bei einer Bewertung mit der Wertuntergrenze. Dieser Effekt verkehrt sich in den Folgejahren durch ein erhöhtes Abschreibungsvolumen um.

zu Aufgabe 9:

Die „Juli GmbH“ kann jeden Schreibtische einzeln nach §253 Abs. 3 Sätze 1 und 2 HGB planmäßig über die Nutzungsdauer abschreiben. Bei der linearen Methode würde dies einem Abschreibungsbetrag von 50 Euro p. a. über 13 Jahre entsprechen.

Die „Juli GmbH“ kann die Schreibtische auch als GWG behandeln und sie im Anschaffungsjahr in voller Höhe abschreiben (Aufnahme in den Anlagenspiegel, 1 Euro).

Des Weiteren kann die „Juli GmbH“ die Schreibtische in einen Sammelposten einstellen, der – unabhängig von der tatsächlichen Nutzungsdauer der enthaltenen Vermögensgegenstände – jedes Jahr um 1/5 abgeschrieben wird. Die Abschreibung für jeden Schreibtisch beträgt in diesem Fall für 5 Jahre jährlich 130 Euro.

zu Aufgabe 10:

Bei dem Grundstück und dem Gebäude handelt es sich um Anlagevermögen der Zuckersüß GmbH i. S. d. § 247 Abs. 2 HGB. Der Preisverfall ist aus Sicht des Bilanzstichtags als voraussichtlich dauernd anzusehen. Es ist zwingend eine außerplanmäßige Abschreibung gemäß § 253 Abs. 3 Satz 5 HGB vorzunehmen, um diese Vermögensgegenstände mit dem niedrigeren Wert anzusetzen, der ihnen am Abschlussstichtag beizulegen ist.

zu Aufgabe 11:

Bei dem Grundstück und dem Gebäude handelt es sich um Anlagevermögen der Zuckersüß GmbH i. S. d. § 247 Abs. 2 HGB. Der Preisanstieg ist durch eine Zuschreibung gemäß § 253 Abs. 5 Satz 1 HGB bilanziell nachzuvollziehen. Sie darf gemäß § 253 Abs. 1 Satz 1 HGB jedoch höchstens bis zu den fortgeführten Anschaffungskosten erfolgen. Das bebaute Grundstück ist in der Bilanz zum 31.12. des Jahres 10 mit 8 Mio. Euro zu bewerten.

zu Aufgabe 12:

Im Zugangszeitpunkt war die Forderung in Euro umzurechnen. Die Anschaffungskosten betragen 85.000 Euro. Die Umrechnung ist erfolgsneutral. Die Umrechnung am Bilanzstichtag hat gemäß § 256a Satz 1 HGB zum Devisenkassamittelkurs zu erfolgen. Die Forderung hat am 31.12.01 umgerechnet einen Wert von 90.000 Euro. Ob dieser Wert, der die Anschaffungskosten übersteigt, d. h., ob § 256a Satz 2 HGB zur Anwendung kommt, hängt von der Restlaufzeit am Bilanzstichtag ab.

Beträgt die Restlaufzeit der Forderung am Bilanzstichtag 16 Monate, sind das Anschaffungskosten- und das Realisationsprinzip (§§ 253 Abs. 1 Satz 1, 252 Abs. 1 Nr. 4 Halbs. 2 HGB) zwingend zu beachten. Die Forderung ist nicht mit 90.000 Euro, sondern mit den Anschaffungskosten von 85.000 Euro zu bewerten.

Beträgt die Restlaufzeit der Forderung am Bilanzstichtag 8 Monate, sind das Anschaffungskosten- und das Realisationsprinzip (§§ 253 Abs. 1 Satz 1, 252 Abs. 1 Nr. 4 Halbs. 2 HGB) unbeachtet zu lassen. Die Forderung ist mit 90.000 Euro zu bewerten. Es entsteht ein Ertrag (nicht realisiert) von 5.000 Euro.

Anhang: Zusammenfassung besonders wichtiger Rechtsnormen

	Kaufmannseigenschaft
§ 1 HGB	Kaufmann kraft Betätigung (Ist-Kaufmann)
§ 2 HGB	Kaufmann kraft Eintragung (Kann-Kaufmann)
§ 3 HGB	Kaufmannseigenschaft bei Land- und Forstwirten
§ 6 HGB	Handelsgesellschaften (Formkaufmann)
	Buchführungspflicht, Pflicht zur Erstellung eines Jahresabschlusses
§ 238 Abs. 1 S. 1 HGB	Handelsrechtliche Buchführungspflicht
§ 241a HGB	Befreiung von der Buchführungspflicht für bestimmte Einzelkaufleute
§ 242 Abs. 1 bis 3 HGB	Pflicht zur Erstellung eines Jahresabschlusses
§ 242 Abs. 4 HGB	Befreiung von der Erstellung eines Jahresabschlusses für bestimmte Einzelkaufleute
§ 264 HGB	Umfang des Jahresabschlusses für Kapitalgesellschaften
§ 264a HGB	Anwendung der Vorschriften für Kapitalgesellschaften auf bestimmte Personengesellschaften
§§ 267, 267a HGB	**Größenklassen bei Kapitalgesellschaften**
	Grundsätze ordnungsmäßiger Buchführung
§§ 238, 239, 257, 261 HGB	GoB die Buchführung betreffend
§§ 243, 244, 246 HGB	GoB die Bilanzierung betreffend
§§ 252, 253 HGB	GoB die Bewertung betreffend

	Inventur, Inventar
§ 240 Abs. 1 und 2 HGB	Pflicht zur Erstellung eines Inventars
§ 240 Abs. 3 und 4 HGB	Festwert und gewogener Durchschnitt i. R. d. Inventur
§ 241 HGB	Inventurvereinfachungsverfahren
	Ansatzvorschriften
§ 246 Abs. 1 S. 1 HGB	Vollständigkeitsgebot
§ 246 Abs. 1 S. 4 HGB	Ansatz des entgeltlich erworbenen Geschäfts- oder Firmenwerts
§ 248 Abs. 1 HGB	Ansatzverbote für Gründungsaufwendungen etc.
§ 248 Abs. 2 S. 1 HGB	Ansatzwahlrecht für selbst geschaffene immaterielle Vermögensgegenstände des Anlagevermögens
§ 248 Abs. 2 S. 2 HGB	Ansatzverbot für selbst geschaffene Marken, Drucktitel etc.
§ 249 HGB	Ansatz von Rückstellungen
§ 250 Abs. 1 und 2 HGB	Ansatz aktiver und passiver Rechnungsabgrenzungsposten
§ 250 Abs. 3 HGB	Ansatzwahlrecht für Disagio
§ 251 HGB	Ausweis von Haftungsverhältnissen unter der Bilanz
§ 274 HGB	Ansatz und Bewertung latenter Steuern
	Ausweis
§ 246 Abs. 2 HGB	Saldierungsverbot
§ 247 Abs. 1 HGB	Aufgliederung der Bilanzposten
§ 247 Abs. 2 HGB	Definition Anlagevermögen
§ 265 HGB	Allgemeine Ausweisgrundsätze
§ 266 HGB	Bilanzgliederung für Kapitalgesellschaften
§§ 275, 276, 277 HGB	Gliederung der Gewinn- und Verlustrechnung für Kapitalgesellschaften

	Bewertungsvorschriften
§ 252 HGB	Allgemeine Bewertungsgrundsätze (GoB)
§ 253 Abs. 1 S. 1 HGB	Bewertung von Vermögensgegenständen
§ 253 Abs. 1 S. 2 HGB	Bewertung von Schulden
§ 253 Abs. 2 HGB	Abzinsung von Rückstellungen
§ 253 Abs. 3 HGB	Abschreibungen im Anlagevermögen
§ 253 Abs. 4 HGB	Abschreibungen im Umlaufvermögen
§ 253 Abs. 5 HGB	Zuschreibungen
§ 255 Abs. 1 HGB	Anschaffungskosten
§ 255 Abs. 2 bis 3 HGB	Herstellungskosten
§ 255 Abs. 4 HGB	Bewertung zum beizulegenden Zeitwert
§ 256 HGB	Bewertungsvereinfachungsverfahren
§ 256a HGB	Währungsumrechnung
§§ 284 bis 288 HGB	**Anhang**
§§ 289 bis 289f HGB	**Lagebericht und nichtfinanzielle Erklärung**
§§ 290 bis 315e HGB	**Vorschriften für den Konzernabschluss**
§§ 316 bis 324a HGB	**Prüfung des Jahresabschlusses**
§§ 325 bis 329 HGB	**Offenlegung des Jahresabschlusses**

Literaturverzeichnis

Adrian, G. (2021), Geschäfts- oder Firmenwert. In: Prinz, U./Kanzler, H.-J. (Hrsg.), Handbuch Bilanzsteuerrecht. Grundlegend, praxisnah und gestaltungsorientiert : Allgemeine Ansatz- und Bewertungsvorschriften : Bilanzpostenorientierte Einzeldarstellung : Aktuelle Entwicklungen und Trends, 4. Aufl., Herne, Rz. 3300–3399.

Bachmann, P./Peitz, M. P. (2021), Jahres- und Konzernabschluss – Ursprung und Kern der Unternehmensberichterstattung. In: Keitz, I. von/Wulf, I./Pelster, C./Bachmann, P. (Hrsg.), Handbuch Unternehmensberichterstattung. Regulatorische Anforderungen – Entwicklungstendenzen – Perspektiven der Stakeholder, Berlin, S. 31–47.

Baetge, J./Kirsch, H.-J./Thiele, S. (2021), Bilanzen, 16. Aufl., Düsseldorf.

Bähr, G./Fischer-Winkelmann, W. F./List, S. (2006), Buchführung und Jahresabschluss, 9. Aufl., Wiesbaden.

Bieg, H./Waschbusch, G. (2021), Buchführung. Systematische Anleitung mit zahlreichen Übungsaufgaben und Online-Training : Grundsätze ordnungsmäßiger Buchführung und Bilanzierung, Jahresabschluss unterschiedlicher Rechtsformen, zahlreiche Praxisbeispiele, 10. Aufl., Herne.

Bitz, M./Schneeloch, D./Wittstock, W./Patek, G. A. (2014), Der Jahresabschluss. Nationale und internationale Rechtsvorschriften, Analyse und Politik, 6. Aufl., München.

Borcherding, N. (2022), § 9 Handelsrechtliche Nachhaltigkeitsberichterstattung. In: Freiberg, J./Bruckner, A. (Hrsg.), Corporate Sustainability. Kompass für die Nachhaltigkeitsberichterstattung, Freiburg, München, Stuttgart, S. 207–236.

Bornhofen, M. (2022), Buchführung 1 DATEV-Kontenrahmen 2022. Grundlagen der Buchführung für Industrie- und Handelsbetriebe, 34. Aufl., Wiesbaden.

Briesemeister, S. (2021), Persönliche Zurechnung/Wirtschaftliches Eigentum. In: Prinz, U./Kanzler, H.-J. (Hrsg.), Handbuch Bilanzsteuerrecht. Grundlegend, praxisnah und gestaltungsorientiert : Allgemeine Ansatz- und Bewertungsvorschriften : Bilanzpostenorientierte Einzeldarstellung : Aktuelle Entwicklungen und Trends, 4. Aufl., Herne, Rz. 660–809.

Buchholz, R. (2019), Grundzüge des Jahresabschlusses nach HGB und IFRS. Mit Aufgaben und Lösungen, 10. Aufl., München.

Coenenberg, A. G./Haller, A./Mattner, G./Schultze, W. (2021), Einführung in das Rechnungswesen. Grundlagen der Buchführung und Bilanzierung, 8. Aufl., Stuttgart, Freiburg.

Coenenberg, A. G./Haller, A./Schultze, W. (2021), Jahresabschluss und Jahresabschlussanalyse. Betriebswirtschaftliche, handelsrechtliche, steuerrechtliche und internationale Grundlagen – HGB, IAS/IFRS, US-GAAP, DRS, 26. Aufl., Stuttgart.

Corsten, M./Corsten, H. (2019), Betriebswirtschaftslehre, 2. Aufl., München.

Deitermann, M./Schmolke, S./Rückwart, W.-D./Stobbe, S. H./Flader, B. (2021), Industrielles Rechnungswesen IKR. Finanzbuchhaltung, Jahresabschluss, Auswertung des Jahresabschlusses, Kosten- und Leistungsrechnung, 50. Aufl., Braunschweig.

Döring, U./Buchholz, R. (2021), Buchhaltung und Jahresabschluss. Mit Aufgaben, Lösungen und Klausurtraining, 16. Aufl., Berlin.

Ebert, G./Steinhübel, V. (2020), Kosten- und Leistungsrechnung. Mit einem ausführlichen Fallbeispiel, 12. Aufl., Wiesbaden, Heidelberg.

Eisele, W. (2018), Technik des betrieblichen Rechnungswesens. Buchführung und Bilanzierung, Kosten- und Leistungsrechnung, Sonderbilanzen, 9. Aufl., München.

Falterbaum, H./Bolk, W./Reiß, W./Kirchner, T. (2020), Buchführung und Bilanz. Unter besonderer Berücksichtigung der Rechnungslegungsvorschriften des Handelsrechts, des Bilanzsteuerrechts und der steuerrechtlichen Gewinnermittlung bei Einzelunternehmen sowie Personen- und Kapitalgesellschaften, 23. Aufl., Achim.

Fischbach, S. (2022), Grundlagen der Kostenrechnung. Mit Prüfungsaufgaben und Lösungen, 8. Aufl., München.

Gabele, E. (2003), Buchführung. Einführung in die Buchhaltung und Jahresabschlusserstellung, 8. Aufl., München.

Hick, C. (2021), Umlaufvermögen. Sonderfälle der Ermittlung der Anschaffungs- und Herstellungskosten – Ausnahmen von dem Gebot der Einzelbewertung. In: Prinz, U./Kanzler, H.-J. (Hrsg.), Handbuch Bilanzsteuerrecht. Grundlegend, praxisnah und gestaltungsorientiert : Allgemeine Ansatz- und Bewertungsvorschriften : Bilanzpostenorientierte Einzeldarstellung : Aktuelle Entwicklungen und Trends, 4. Aufl., Herne, Rz. 4350–4382.

Horschitz, H./Fanck, B./Guschl, H./Kirschbaum, J./Schustek, H./Haug, T. (2021), Bilanzsteuerrecht und Buchführung, 16. Aufl., Stuttgart, Freiburg.

Hufnagel, W./Burgfeld-Schächer, B. (2022), Einführung in die Buchführung und Bilanzierung. Kompakte Darstellung mit Übungen und Musterklausuren : Doppelte Buchführung, Jahresabschluss und Jahresabschlussanalyse, IFRS, 10. Aufl., Herne.

Justenhoven, P./Kliem, B./Müller, N. (2022), § 275 HGB. In: Grottel, B./Justenhoven, P./Schubert, W. J./Störk, U. (Hrsg.), Beck'scher Bilanz-Kommentar. Handels- und Steuerbilanz : §§ 238 bis 339, 342 bis 342a HGB, 13. Aufl., München.

Justenhoven, P./Usinger, R. (2022), § 243 HGB. In: Grottel, B./Justenhoven, P./Schubert, W. J./Störk, U. (Hrsg.), Beck'scher Bilanz-Kommentar. Handels- und Steuerbilanz : §§ 238 bis 339, 342 bis 342a HGB, 13. Aufl., München.

Krudewig, W. (2018), Der optimale Jahresabschluss. Von der Buchhaltung bis zur elektronischen Übermittlung der Bilanz, Köln.

Krüger, K. (2015), Jahresabschlusspolitik: Analyse, Beurteilung und zielgerichteter Einsatz von Aktionsparametern im Einzelabschluss nach HGB, Norderstedt.

Kudert, S./Sorg, P. (2019), Rechnungswesen leicht gemacht. Buchführung und Bilanz für Studierende an Universitäten, Hochschulen und Berufsakademien, 8. Aufl., Berlin.

Leffson, U. (1987), Die Grundsätze ordnungsmäßiger Buchführung, 7. Aufl., Düsseldorf.

Müller, S./Needham, S./Tjin, E. (2021), Nichtfinanzielle Berichterstattung im Mittelstand. Entwicklungsperspektive und Handlungsempfehlungen im Zuge möglicher regulatorischer Änderungen, BC, S. 266–272.

Najderek, A. (2020), Auswirkungen der Digitalisierung im Rechnungswesen – ein Überblick. In: Müller, A./Graumann, M./Weiß, H.-J. (Hrsg.), Innovationen für eine digitale Wirtschaft. Wie Unternehmen den Wandel meistern, Wiesbaden, Heidelberg, S. 127–145.

Ort, M./Steinhübel, V. (2021), Einsatzmöglichkeiten Künstlicher Intelligenz (KI) im Controlling. Gestaltungs- und Handlungsempfehlungen für die Praxis, BILANZ aktuell, S. 4–8.

Pacioli, L. (1997), Abhandlung über die Buchhaltung 1494, 2. Aufl., Stuttgart.

Schalkowski, H./Ortiz, A. (2020), Digitalisierung im Rechnungswesen. Veränderungen in den Prozessen und Wandel von Berufsbildern, BILANZ aktuell, S. 3–9.

Schmidt, M./Auer, B. R./Schmidt, P. (2012), Buchführung und Bilanzierung. Eine anwendungsorientierte Einführung, Wiesbaden.

Schneeloch, D./Meyering, S./Patek, G. (2017), Substanzsteuern, Verkehrsteuern, Besteuerungsverfahren, 7. Aufl., München.

Schultze, W./Berberich, J. (2022), § 253 HGB. In: Grottel, B./Justenhoven, P./Schubert, W. J./Störk, U. (Hrsg.), Beck'scher Bilanz-Kommentar. Handels- und Steuerbilanz : §§ 238 bis 339, 342 bis 342a HGB, 13. Aufl., München.

Störk, U./Büssow, T. (2022), § 252 HGB. In: Grottel, B./Justenhoven, P./Schubert, W. J./Störk, U. (Hrsg.), Beck'scher Bilanz-Kommentar. Handels- und Steuerbilanz : §§ 238 bis 339, 342 bis 342a HGB, 13. Aufl., München.

Störk, U./Lawall, L. (2022), § 267 HGB. In: Grottel, B./Justenhoven, P./Schubert, W. J./Störk, U. (Hrsg.), Beck'scher Bilanz-Kommentar. Handels- und Steuerbilanz : §§ 238 bis 339, 342 bis 342a HGB, 13. Aufl., München.

Störk, U./Lewe, S. (2022), § 240 HGB. In: Grottel, B./Justenhoven, P./Schubert, W. J./Störk, U. (Hrsg.), Beck'scher Bilanz-Kommentar. Handels- und Steuerbilanz : §§ 238 bis 339, 342 bis 342a HGB, 13. Aufl., München.

Tanski, J. S. (2013), Rechnungslegung und Bilanztheorie, München.

Theis, J. C. (2018), Nachhaltigkeitsberichterstattung in der Praxis. Anwendung im DAX 30, Düsseldorf.

Wehrheim, M. (2011), Die Handels- und Steuerbilanz. Bilanzierung, Bewertung und Gewinnermittlung, 3. Aufl., München.

Wöhe, G./Döring, U./Brösel, G. (2020), Einführung in die allgemeine Betriebswirtschaftslehre, 27. Aufl., München.

Wöhe, G./Kußmaul, H. (2022), Grundzüge der Buchführung und Bilanztechnik, 11. Aufl., München.

Wöhe, G./Mock, S. (2010), Die Handels- und Steuerbilanz. Betriebswirtschaftliche, handels- und steuerrechtliche Grundsätze der Bilanzierung, 6. Aufl., München.

Zschenderlein, O. (2020a), Buchführung 1 – Grundlagen, 10. Aufl., Herne.

Zschenderlein, O. (2020b), Buchführung 2 – Vertiefung, 5. Aufl., Herne.

Rechtsquellenverzeichnis

Gesetze

Abgabenordnung (AO) in der Fassung der Bekanntmachung vom 1. Oktober 2002 (BGBl. I 2002, S. 3866; BGBl. I 2003, S. 61), zuletzt geändert durch Art. 1 des Gesetzes vom 12. Juli 2022 (BGBl. I 2022, S. 1142).

Aktiengesetz (AktG) vom 6. September 1965 (BGBl. I 1965, S. 1089), zuletzt geändert durch Art. 2 des Gesetzes vom 20. Juli 2022 (BGBl. I 2022, S. 1166).

Bürgerliches Gesetzbuch (BGB) in der Fassung der Bekanntmachung vom 2. Januar 2002 (BGBl. I 2002, S. 42, 2909; BGBl. I 2003, S. 738), zuletzt geändert durch Art. 4 des Gesetzes vom 15. Juli 2022 (BGBl. I 2022, S. 1146).

Einkommensteuergesetz (EStG) in der Fassung der Bekanntmachung vom 8. Oktober 2009 (BGBl. I 2009, S. 3366, 3862), zuletzt geändert durch Art. 4 des Gesetzes vom 19. Juni 2022 (BGBl. I 2022, S. 911).

Gesetz betreffend die Gesellschaften mit beschränkter Haftung (GmbHG) in der im Bundesgesetzblatt Teil III, Gliederungsnummer 4123-1, veröffentlichten bereinigten Fassung, zuletzt geändert durch Art. 6 des Gesetzes vom 15. Juli 2022 (BGBl. I 2022, S. 1146).

Gesetz zur Entlastung insbesondere der mittelständischen Wirtschaft von Bürokratie (Bürokratieentlastungsgesetz) vom 28. Juli 2015 (BGBl. I 2015, S. 1400).

Gesetz zur Modernisierung des Bilanzrechts (Bilanzrechtsmodernisierungsgesetz – BilMoG) vom 25. Mai 2009 (BGBl. I 2009, S. 1102).

Gesetz zur Rückführung des Solidaritätszuschlags 1995 vom 10. Dezember 2019, BGBl. I 2019, S. 2115.

Gesetz zur Umsetzung der Richtlinie 2012/6/EU des Europäischen Parlaments und des Rates vom 14. März 2012 zur Änderung der Richtlinie 78/660/EWG des Rates über den Jahresabschluss von Gesellschaften bestimmter Rechtsformen hinsichtlich Kleinstbetrieben (Kleinstkapitalgesellschaften-Bilanzrechtsänderungsgesetz – MicroBilG) vom 20. Dezember 2012 (BGBl. I 2012, S. 2751).

Gesetz zur Verbesserung der betrieblichen Altersversorgung (Betriebsrentengesetz – BetrAVG) vom 19. Dezember 1974 (BGBl. I 1974, S. 3610), zuletzt geändert durch Art. 23 des Gesetzes vom 22. Dezember 2020 (BGBl. I 2020, S. 3256).

Handelsgesetzbuch (HGB) in der im Bundesgesetzblatt Teil III, Gliederungsnummer 4100-1, veröffentlichten bereinigten Fassung, zuletzt geändert durch Art. 51 des Gesetzes vom 10. August 2021 (BGBl. I 2021, S. 3436).

Solidaritätszuschlagsgesetz 1995 (SolzG 1995) in der Fassung der Bekanntmachung vom 15. Oktober 2002 (BGBl. I 2002, S. 4130), zuletzt geändert durch Art. 4 des Gesetzes vom 1. Dezember 2020 (BGBl. I 2020, S. 2616).

Wertpapierhandelsgesetz (WpHG) in der Fassung der Bekanntmachung vom 9. September 1998 (BGBl. I 1998, S. 2708), zuletzt geändert durch Art. 4 des Gesetzes vom 23. Mai 2022 (BGBl. I 2022, S. 754).

Richtlinien, Verordnungen, Parlamentaria, Verwaltungsanweisungen, Rechtsprechung

BFH (1983) vom 06 Dezember 1983, VIII R 110/79, BStBl. II 1984, S. 227.

BMF (2019), Grundsätze zur ordnungsmäßigen Führung und Aufbewahrung von Büchern, Aufzeichnungen und Unterlagen in elektronischer Form sowie zum Datenzugriff (GoBD), IV A 4 – S 0316/19/10003 :001, BStBl. I 2019, S. 1269.

BMF (2019), Monatsbericht Dezember 2019, https://www.bundesfinanzministerium.de/Monatsberichte/2019/12/Inhalte/Kapitel-3-Analysen/3-4-100-jahre-umsatzsteuer.html, abgerufen am 26.08.2022.

BMJV (2014), Bekanntmachung des Deutschen Rechnungslegungs Standards Nr. 21 – DRS 21 – Kapitalflussrechnung – des Deutschen Rechnungslegungs Standards Committees e. V., BAnz AT 08.04.2014 B2.

BMJV (2016), Bekanntmachung des Deutschen Rechnungslegungs Standards Nr. 22 – DRS 22 – Konzerneigenkapital – des Deutschen Rechnungslegungs Standards Committees e. V., BAnz AT 23.02.2016 B1.

BMJV (2020), Bekanntmachung des Deutschen Rechnungslegungs Standards Nr. 28 – DRS 28 – Segmentberichterstattung – des Deutschen Rechnungslegungs Standards Committees e. V., BAnz T 18.08.2020 B1.

Stichwortverzeichnis